普通高校"十二五"规划教材

工程力学
学习指导与综合训练解析

冯锡兰等　编著

北京航空航天大学出版社

内 容 简 介

本书是由冯锡兰等编著,由北京航空航天大学出版社于 2012 年 6 月出版的《工程力学》一书配套的学习指导与综合训练解析书。

全书分两篇,共计 18 章。第一篇为静力学。主要包括物体的受力分析、力系的简化与平衡、摩擦、物体的重心与形心;第二篇为材料力学。主要包括材料力学的基本概念,构件在四种基本变形形式下的强度计算和刚度计算,应力状态与强度理论,组合变形构件的强度计算,压杆的稳定性计算,构件的疲劳强度和动载荷。

本书可作为高等院校机械工程、质量工程、工业工程、环境工程、管理工程以及相关专业的本科生工程力学课程的教学参考书。主要供教师教学参考,也可供工程技术人员和学生使用。

图书在版编目(CIP)数据

工程力学学习指导与综合训练解析 / 冯锡兰等编著. ——北京:北京航空航天大学出版社,2013.6
ISBN 978 - 7 - 5124 - 1124 - 1

Ⅰ.①工⋯ Ⅱ.①冯⋯ Ⅲ.①工程力学—高等学校—教学参考资料 Ⅳ.①TB12

中国版本图书馆 CIP 数据核字(2013)第 086121 号

版权所有,侵权必究。

工程力学学习指导与综合训练解析
冯锡兰等 编著
责任编辑 金友泉

*

北京航空航天大学出版社出版发行
北京市海淀区学院路 37 号(邮编 100191) http://www.buaapress.com.cn
发行部电话:(010)82317024 传真:(010)82328026
读者信箱 bhpress@263.net 邮购电话:(010)82316936
涿州市新华印刷有限公司印装 各地书店经销

*

开本:710×1 000 1/16 印张:12.5 字数:281 千字
2013 年 6 月第 1 版 2013 年 6 月第 1 次印刷 印数:4 000 册
ISBN 978 - 7 - 5124 - 1124 - 1 定价:25.00 元

若本书有倒页、脱页、缺页等印装质量问题,请与本社发行部联系调换。联系电话:(010)82317024

前　言

工程力学是高等院校工科类各专业的一门重要的专业基础课,学生对该课程的掌握程度不仅影响到后续课程的学习,而且对以后的工作也会产生重要的影响。学生通过学习该课程,应该理解工程力学的基本概念和基本原理,掌握分析问题的思路和方法,并能运用所学知识解决工程实际问题。

本书分为两篇,共计18章,内容包含静力学和材料力学两部分。每一章首先总结了该部分的主要内容,帮助读者对该章的内容进行复习;其次选择了与本章内容相关的工程实例进行解析,以提高读者解决工程实际问题的能力。

本书由冯锡兰等编著,蒋志强、陈小霞、徐文秀、韩光平、王毅、王含英、刘爱敏、魏永强、韩衍昭承担了相应的编写工作。

本书得到国家自然科学基金(51105344、51275485),河南省创新型科技团队、河南省科技创新杰出人才计划(134200510024),河南省高校科技创新团队(2012IRTSTHN014),郑州市科技创新团队(112PCXTD350),郑州航院科研创新团队(2011TD05),航空科学基金(2012ZD55009),河南省基础与前沿技术研究计划(092300410162,102300410131),河南省重点科技攻关计划(102102110130,112102210491,122102210423,132102210323),河南省教育厅自然科学基础研究计划(2011A460013,12A46011),郑州市科技攻关计划(112PPGY248-2)等资助。同时还感谢北京航空航天大学出版社给予的大力支持!

由于编著者水平有限,书中的缺点和不足之处,敬请广大读者给予指正。

编著者

2013年4月

目 录

第一篇 静力学

第1章 静力学的基本概念与物体的受力分析 …………………………………… 1
- 1.1 重点内容提要 …………………………………………………………………… 1
  - 1.1.1 基本概念 …………………………………………………………………… 1
  - 1.1.2 静力学公理 ………………………………………………………………… 1
  - 1.1.3 物体的受力分析 …………………………………………………………… 1
- 1.2 综合训练解析 …………………………………………………………………… 2

第2章 平面汇交力系 ……………………………………………………………… 11
- 2.1 重点内容提要 …………………………………………………………………… 11
  - 2.1.1 平面汇交力系的合成 ……………………………………………………… 11
  - 2.1.2 平面汇交力系的平衡条件 ………………………………………………… 11
- 2.2 综合训练解析 …………………………………………………………………… 11

第3章 力矩和平面力偶系 ………………………………………………………… 19
- 3.1 重点内容提要 …………………………………………………………………… 19
  - 3.1.1 力 矩 ……………………………………………………………………… 19
  - 3.1.2 力 偶 ……………………………………………………………………… 19
  - 3.1.3 平面力偶系的合成与平衡 ………………………………………………… 19
- 3.2 综合训练解析 …………………………………………………………………… 19

第4章 平面任意力系 ……………………………………………………………… 24
- 4.1 重点内容提要 …………………………………………………………………… 24
  - 4.1.1 力线平移定理 ……………………………………………………………… 24
  - 4.1.2 平面任意力系的简化 ……………………………………………………… 24
  - 4.1.3 平面任意力系平衡方程的三种形式 ……………………………………… 24
  - 4.1.4 平面平行力系平衡方程的两种形式 ……………………………………… 25
  - 4.1.5 刚体系统的平衡 …………………………………………………………… 25
  - 4.1.6 平面桁架内力的计算 ……………………………………………………… 25
- 4.2 综合训练解析 …………………………………………………………………… 25

第5章 摩擦 ·· 46

5.1 重点内容提要 ·· 46
5.1.1 滑动摩擦 ·· 46
5.1.2 摩擦角和自锁现象 ·· 46
5.1.3 考虑摩擦时的平衡 ·· 47
5.2 综合训练解析 ·· 47

第6章 空间力系 ·· 59

6.1 重点内容提要 ·· 59
6.1.1 力在空间直角坐标轴上的投影 ······················· 59
6.1.2 力对轴之矩 ··· 59
6.1.3 空间力系的平衡方程 ···································· 59
6.1.4 重 心 ··· 59
6.2 综合训练解析 ·· 60

第二篇 材料力学

第7章 材料力学的基本概念 ·· 68

7.1 重点内容提要 ·· 68
7.1.1 材料力学的任务 ··· 68
7.1.2 变形固体的基本假设 ···································· 68
7.1.3 内力、截面法和应力的概念 ··························· 68
7.1.4 杆件变形的基本形式 ···································· 69
7.2 综合训练解析 ·· 69

第8章 轴向拉伸和压缩 ·· 72

8.1 重点内容提要 ·· 72
8.1.1 轴向拉伸或压缩的概念 ·································· 72
8.1.2 轴向拉、压杆件横截面上的内力和应力 ··········· 72
8.1.3 轴向拉、压杆件的变形计算 ··························· 72
8.1.4 材料的力学性能 ··· 73
8.1.5 轴向拉、压杆件的强度条件 ··························· 73
8.1.6 轴向拉、压的静不定问题 ······························ 73
8.2 综合训练解析 ·· 73

第9章 剪切 81

9.1 重点内容提要 81
9.1.1 剪切的概念 81
9.1.2 剪切的实用计算 81
9.1.3 挤压的实用计算 81
9.2 综合训练解析 82

第10章 扭转 87

10.1 重点内容提要 87
10.1.1 扭转的概念 87
10.1.2 扭转时的内力和应力 87
10.1.3 圆轴扭转时的变形 88
10.1.4 圆轴扭转时的强度条件和刚度条件 88
10.2 综合训练解析 88

第11章 弯曲内力 96

11.1 重点内容提要 96
11.1.1 弯曲的概念 96
11.1.2 静定梁的基本形式 96
11.1.3 梁的内力 96
11.1.4 利用载荷集度、剪力与弯矩间的关系画梁的内力图 96
11.2 综合训练解析 97

第12章 弯曲应力 113

12.1 重点内容提要 113
12.1.1 纯弯曲的概念 113
12.1.2 纯弯曲时梁横截面上的正应力 113
12.1.3 梁弯曲时的强度条件 113
12.1.4 梁弯曲时的切应力 114
12.2 综合训练解析 114

第13章 弯曲变形 124

13.1 重点内容提要 124
13.1.1 梁的变形 124
13.1.2 积分法求弯曲变形 124
13.1.3 叠加法求弯曲变形 124

13.1.4　梁的刚度条件 …………………………………………………… 124
　　　13.1.5　静不定梁 ……………………………………………………… 124
　13.2　综合训练解析 …………………………………………………………… 125

第14章　应力状态和强度理论 ……………………………………………… 141
　14.1　重点内容提要 …………………………………………………………… 141
　　　14.1.1　应力状态的概念 ……………………………………………… 141
　　　14.1.2　平面应力状态分析 …………………………………………… 141
　　　14.1.3　空间应力状态下的最大正应力和最大切应力 ……………… 142
　　　14.1.4　广义胡克定律 ………………………………………………… 142
　　　14.1.5　强度理论 ……………………………………………………… 142
　14.2　综合训练解析 …………………………………………………………… 143

第15章　组合变形 …………………………………………………………… 153
　15.1　重点内容提要 …………………………………………………………… 153
　　　15.1.1　组合变形杆件强度的计算方法 ……………………………… 153
　　　15.1.2　拉伸、压缩与弯曲的组合变形 ……………………………… 153
　　　15.1.3　弯曲与扭转的组合变形 ……………………………………… 153
　15.2　综合训练解析 …………………………………………………………… 153

第16章　压杆稳定 …………………………………………………………… 166
　16.1　重点内容提要 …………………………………………………………… 166
　　　16.1.1　压杆稳定的概念 ……………………………………………… 166
　　　16.1.2　临界压力的计算 ……………………………………………… 166
　　　16.1.3　压杆稳定的条件 ……………………………………………… 166
　16.2　综合训练解析 …………………………………………………………… 166

第17章　构件的疲劳强度概述 ……………………………………………… 174
　17.1　重点内容提要 …………………………………………………………… 174
　　　17.1.1　交变应力与疲劳失效 ………………………………………… 174
　　　17.1.2　疲劳失效的特点 ……………………………………………… 174
　　　17.1.3　交变应力的循环特征 ………………………………………… 174
　　　17.1.4　材料的持久极限 ……………………………………………… 174
　　　17.1.5　影响构件持久极限的主要因素 ……………………………… 174
　　　17.1.6　对称循环下构件的强度条件 ………………………………… 175
　17.2　综合训练解析 …………………………………………………………… 175

第 18 章 动载荷 … 180

18.1 重点内容提要 … 180
18.1.1 动载荷的概念 … 180
18.1.2 动荷系数 … 180
18.1.3 冲击韧性 … 180
18.2 综合训练解析 … 180

参考文献 … 187

第一篇 静力学

静力学是研究刚体在力系作用下平衡规律的科学。主要解决三方面的问题：物体的受力分析、力系的简化和刚体在力系作用下的平衡条件。

第1章 静力学的基本概念与物体的受力分析

1.1 重点内容提要

1.1.1 基本概念

力、刚体和平衡是静力学的基本概念。

（1）力是物体间的相互机械作用，力对物体的作用有两种效应，外效应和内效应。静力学只研究力的外效应。

（2）刚体是指在任何情况下都不变形的物体，它是一个抽象化的力学模型。在静力学中视物体为刚体，使得所研究的问题大为简化。

（3）平衡是指物体相对于惯性参考系处于静止或匀速直线运动的状态。

1.1.2 静力学公理

（1）静力学公理是静力学的理论基础。二力平衡公理阐述了最简单力系的平衡条件，加减平衡力系公理阐明了力系简化的条件。这两个公理和力的可传性原理、三力平衡汇交定理只适用于刚体，而不适用于变形体。

（2）力的平行四边形法则阐述了最简单力系的合成法则，作用与反作用定律揭示了两物体相互作用时的规律，作用力与反作用力虽然等值、反向、共线，但是分别作用在两个物体上，它与二平衡力有着本质的区别，因此，不能认为作用力与反作用力相互平衡。

1.1.3 物体的受力分析

1. 约束与约束力

限制物体运动的条件称为约束，约束对被约束物体的作用力称为约束力。能使物体运动或有运动趋势的力称为主动力,约束力由主动力引起并随主动力的变化而变化。

2. 工程中常见的几种约束类型的约束力

柔性体约束的约束力沿约束的中心线,背离被约束的物体。

光滑面约束的约束力沿接触面在接触点处的公法线指向被约束的物体。

光滑铰链的约束力通过铰链中心,方向待定。通常用两个正交分力表示,指向任意假设。

辊轴约束的约束力通过铰链中心,垂直于支承面。

3. 画受力图

画受力图时首先必须确定研究对象,并取其分离体;画力时先画主动力,再画约束力;要注意作用力与反作用力的关系,作用力的方向一经设定,反作用力的方向与之相反;在画系统的受力图时,只画出全部的外力,内力不必画出。

1.2 综合训练解析

1-1 画出图1-1中的物体 A 和构件 AB、BC 的受力图。未画出重力的物体重量均不计,所有接触处均为光滑接触。

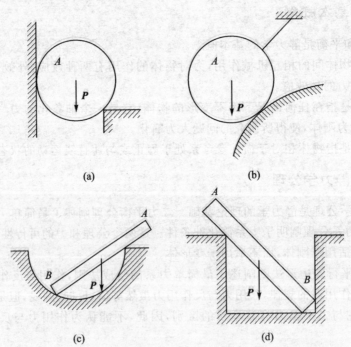

图1-1 题1-1图

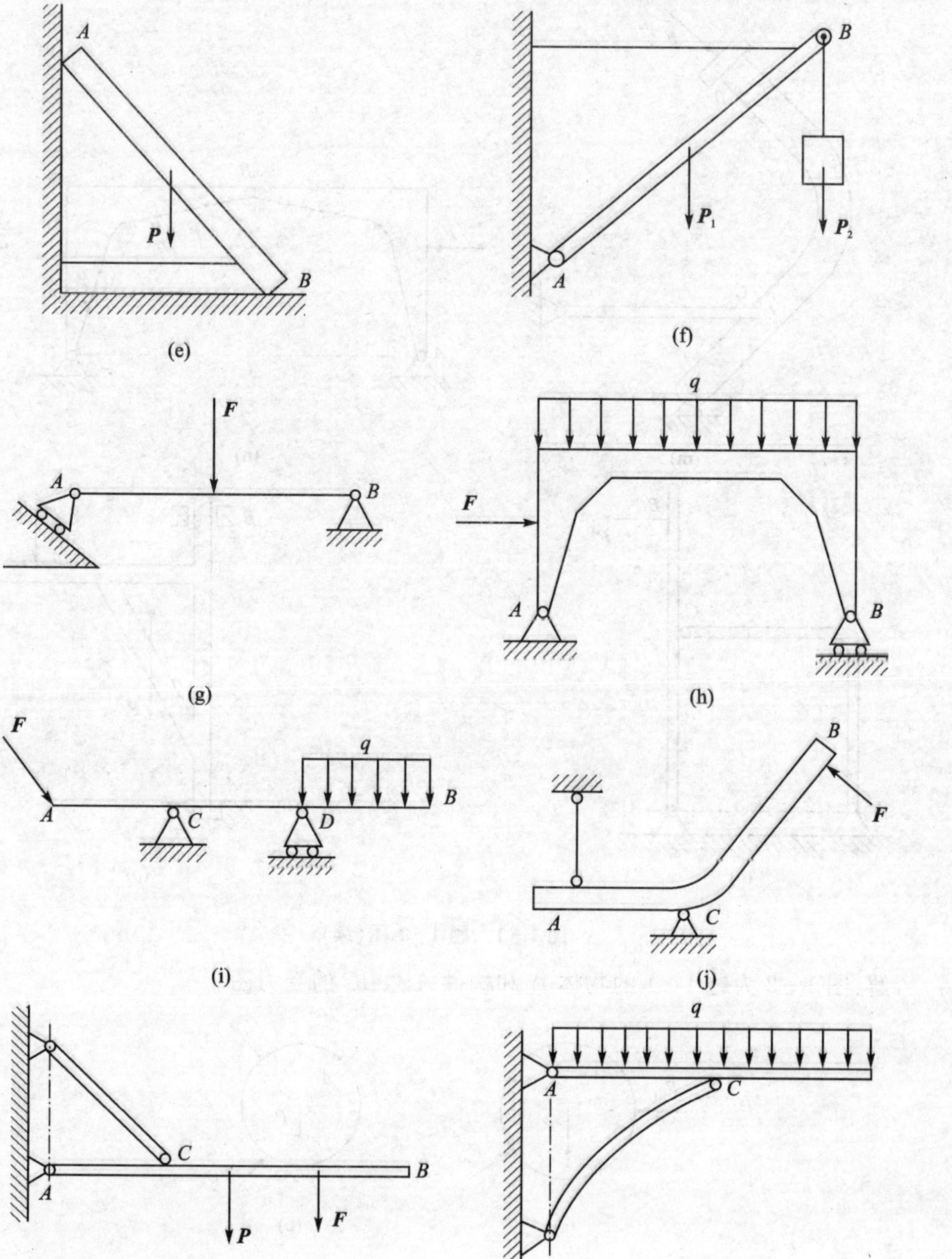

第 1 章 静力学的基本概念与物体的受力分析　　3

(e)

(f)

(g)

(h)

(i)

(j)

(k)

(l)

图 1-1　题 1-1 图(续)

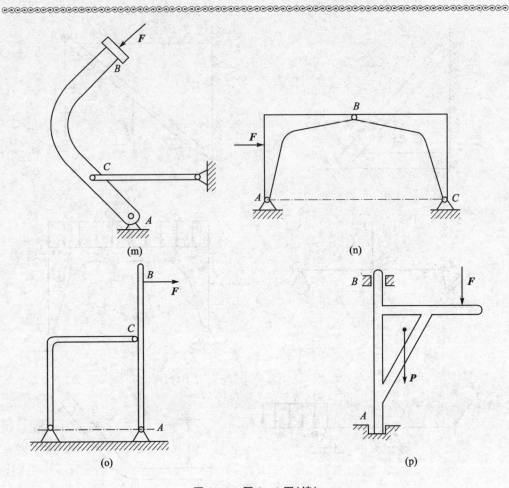

图 1-1 题 1-1 图(续)

解:图 1-2 为题 1-1 的物体 A 和构件 AB、BC 的受力图。

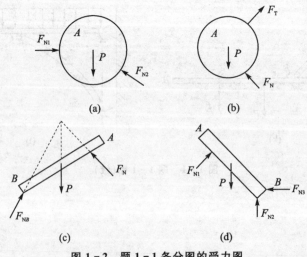

图 1-2 题 1-1 各分图的受力图

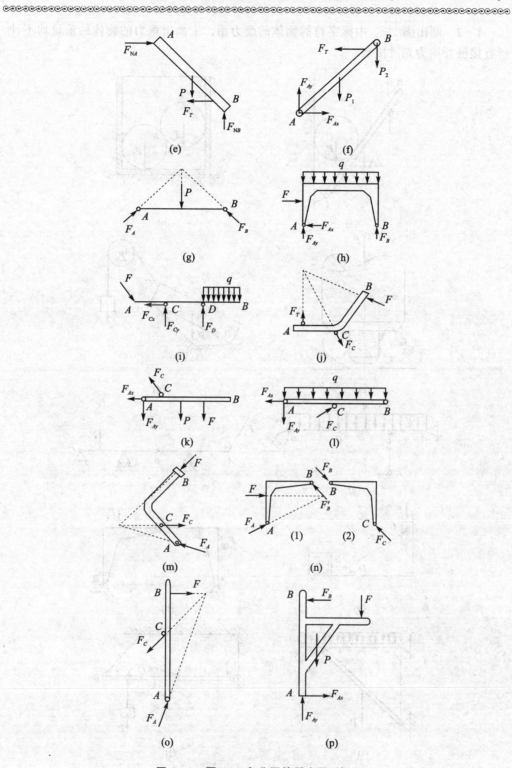

图 1-2 题 1-1 各分图的受力图(续)

1-2 画出图1-3中标字符的物体的受力图。未画出重力的物体的重量均不计,所有接触处均为光滑接触。

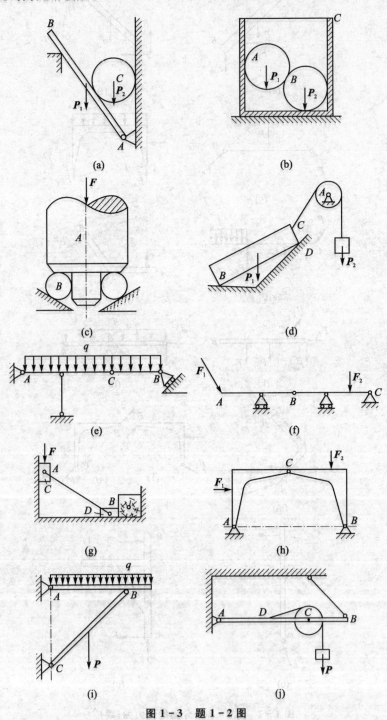

图1-3 题1-2图

第1章 静力学的基本概念与物体的受力分析

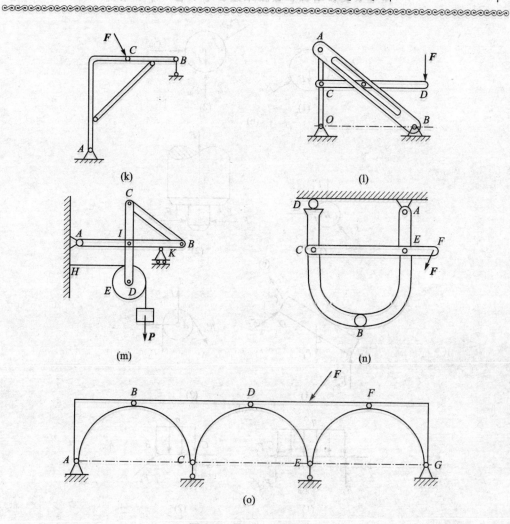

图 1-3 题 1-2 图(续)

解：图 1-4 为题 1-2 各标字符的物体的受力图。

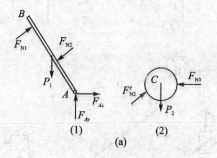

图 1-4 题 1-2 各标字符物体的受力图

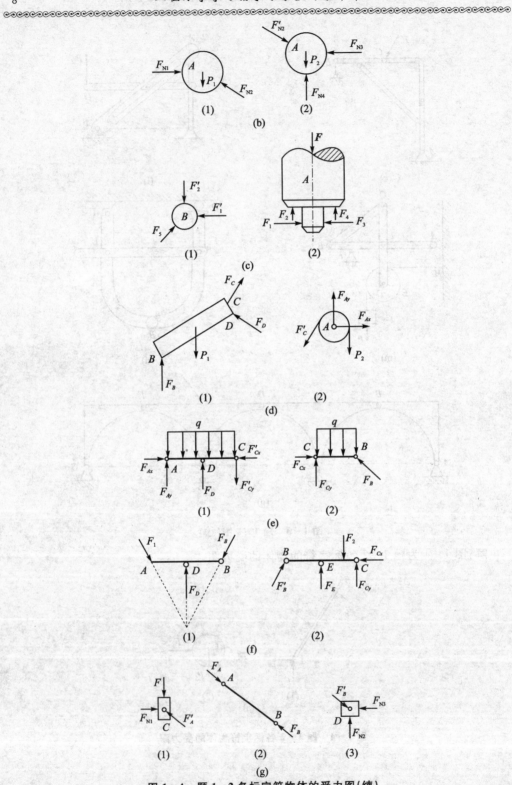

图 1-4 题 1-2 各标字符物体的受力图(续)

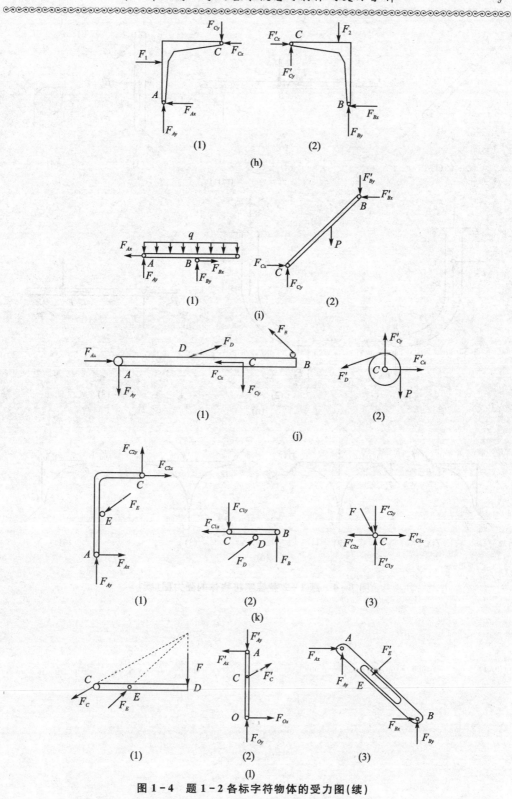

图 1-4 题 1-2 各标字符物体的受力图(续)

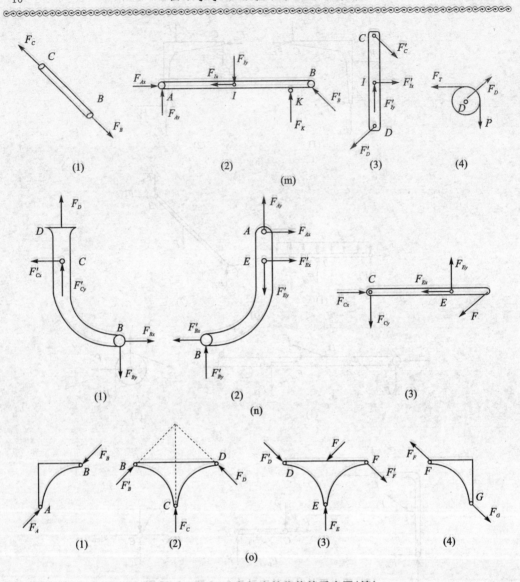

图1-4 题1-2各标字符物体的受力图(续)

第2章 平面汇交力系

2.1 重点内容提要

2.1.1 平面汇交力系的合成

平面汇交力系合成的结果是一个合力,合力等于力系中各力的矢量和,即

$$F_R = \sum F_i$$

1. 几何法

在几何法中,用力多边形的封闭边来表示合力的大小和方向,合力的作用线过汇交点。

2. 解析法

合力的大小

$$F_R = \sqrt{\left(\sum F_x\right)^2 + \left(\sum F_y\right)^2}$$

合力的方向

$$\tan \alpha = \left|\frac{F_{Ry}}{F_{Rx}}\right| = \left|\frac{\sum F_y}{\sum F_x}\right|$$

式中,α 表示合力 F_R 与 x 轴夹的锐角,合力 F_R 的指向由 F_{Rx}、F_{Ry} 的正负号判定。

2.1.2 平面汇交力系的平衡条件

平面汇交力系平衡的充分与必要条件是合力 F_R 等于零。

(1) 平面汇交力系平衡的几何条件是:力多边形自行封闭。
(2) 平面汇交力系平衡的解析条件是:力系中的各力在任选的两个坐标轴上投影的代数和分别等于零,即

$$\begin{cases} \sum F_x = 0 \\ \sum F_y = 0 \end{cases}$$

上式称为平面汇交力系的平衡方程。

2.2 综合训练解析

2-1 铆接钢板在孔 A、B 和 C 处受三个力的作用,如图 2-1 所示。已知 $F_1 =$

100 N,沿铅垂方向;$F_2 = 50$ N,沿 AB 方向;$F_3 = 50$ N,沿水平方向,求此力系的合力。

解:$F_{1x} = 0$, $F_{2x} = \left(50 \times \dfrac{60}{100}\right)$ N $= 30$ N, $F_{3x} = 50$ N

$F_{1y} = 100$ N, $F_{2y} = \left(50 \times \dfrac{80}{100}\right)$ N $= 40$ N, $F_{3y} = 0$

$F_{Rx} = F_{1x} + F_{2x} + F_{3x} = (0 + 30 + 50)$ N $= 80$ N

$F_{Ry} = F_{1y} + F_{2y} + F_{3y} = (100 + 40 + 0)$ N $= 140$ N

合力的大小

$F_R = \sqrt{F_{Rx}^2 + F_{Ry}^2} = \sqrt{80^2 + 140^2}$ N $= 161.2$ N

合力的方向

$\tan \angle (\boldsymbol{F}_R, \boldsymbol{F}_1) = \dfrac{80 \text{ N}}{140 \text{ N}} = 0.571\,429$

$\angle (\boldsymbol{F}_R, \boldsymbol{F}_1) = 29.76°$

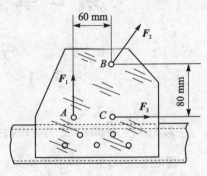

图 2-1 题 2-1 图

2-2 桁架的连接点如图 2-2 所示,如沿 OA、OB 和 OC 方向之力分别为 $F_1 = F_3 = 1.41$ kN,$F_2 = 1$ kN,试求钢板 $mnpqrs$ 传给 MN 上的力是多少?

解:合力的大小为

$F_R = \sqrt{2} F_1 + F_2 = (1.414 \times 1.41 + 1)$ kN $= 2.994$ kN

合力的方向沿 OB。

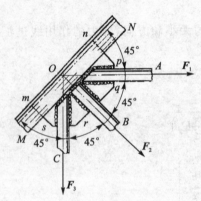

图 2-2 题 2-2 图

2-3 支架如图 2-3 所示,由杆 AB 与 AC 组成,A、B 与 C 均为铰链,在销钉 A 上悬挂重量为 P 的重物,试求图示两种情形下,杆 AB 与杆 AC 所受的力。

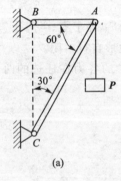
(a)

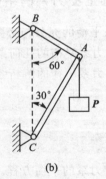
(b)

图 2-3 题 2-3 图

解:(a) 取销钉 A 的分析,受力图如图 2-4(a)所示。

$$F'_{AB} = P\cot 60° = \frac{\sqrt{3}}{3}P = 0.577P$$

$$F'_{AC} = \frac{P}{\sin 60°} = 1.155P$$

AB 杆、AC 杆受的受力为

$$F_{AB} = 0.577P(\text{拉力}), \quad F_{AC} = 1.155P(\text{压力})$$

(b) 取销钉 A 的分析,受力图如图 2-4(b)所示。

$$\sum F_x = 0, \quad F'_{AC}\sin 30° - F'_{AB}\cos 30° = 0 \quad ①$$

$$\sum F_y = 0, \quad F'_{AC}\cos 30° + F'_{AB}\sin 30° - P = 0 \quad ②$$

由式①得 $F'_{AC} = \sqrt{3}F'_{AB}$,代入式②得

$$2F'_{AB} = P, \quad F'_{AB} = 0.5P$$

$$F'_{AC} = \sqrt{3}F'_{AB} = 1.732 \times 0.5P = 0.866P$$

AB 杆、AC 杆的受力为

$$F_{AB} = 0.5P(\text{拉力}), \quad F_{AC} = 0.866P(\text{压力})$$

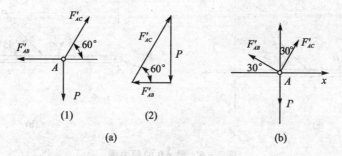

图 2-4 销钉 A 的受力图

2-4 图 2-5 所示梁 A 端为固定铰支座,B 端为活动铰支座,$F=20$ N,试求图 2-5 所示两种情形下 A 和 B 处的约束力。

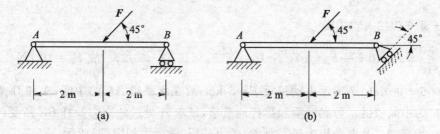

图 2-5 题 2-4图

解:(a)取梁 AB 分析,画受力图,如图 2-6(a)所示。

$$\sum F_x = 0, \quad F_A\cos\alpha - F\cos 45° = 0$$

$$F_A = \frac{F\cos 45°}{\cos \alpha} = \frac{\frac{\sqrt{2}}{2}F}{4/\sqrt{20}} = \frac{\sqrt{2}}{2} \times \frac{\sqrt{20}}{4} \times 20 \text{ kN} = 15.8 \text{ kN}$$

$$\sum F_y = 0, \quad F_A\sin\alpha + F_B - F\sin 45° = 0$$

$$F_B = F\sin 45° - F_A\sin\alpha = 20 \text{ kN} \times \frac{\sqrt{2}}{2} - \frac{\sqrt{2}}{2} \times \frac{\sqrt{20}}{4} \times 20 \text{ kN} \times \frac{2}{\sqrt{20}} = 7.07 \text{ kN}$$

(b)取梁 AB 分析,画受力图,如图 2-6(b)所示。

$$\sum F_x = 0, \quad F_A\cos\alpha - F\cos 45° - F_B\cos 45° = 0$$

$$\frac{3}{\sqrt{10}}F_A - \frac{\sqrt{2}}{2}F_B - 10\sqrt{2} = 0 \qquad ①$$

$$\sum F_y = 0, \quad F_A\sin\alpha - F\sin 45° + F_B\sin 45° = 0$$

$$\frac{1}{\sqrt{10}}F_A + \frac{\sqrt{2}}{2}F_B - 10\sqrt{2} = 0 \qquad ②$$

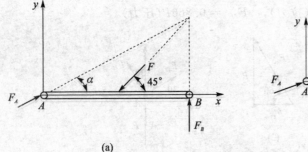
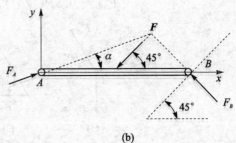

图 2-6 梁 AB 的受力图

由式①+式②得

$$\frac{4}{\sqrt{10}}F_A - 20\sqrt{2} = 0, \quad F_A = 5\sqrt{20} \text{ kN} = 22.4 \text{ kN}$$

将 $F_A = 5\sqrt{20}$ 代入式②得

$$\frac{1}{\sqrt{10}} \times 5\sqrt{20} + \frac{\sqrt{2}}{2}F_B - 10\sqrt{2} = 0, \quad \frac{\sqrt{2}}{2}F_B = 10\sqrt{2} - 5\sqrt{2}, \quad \text{故 } F_B = 10 \text{ kN}$$

2-5 如图 2-7 所示电动机重 $P = 5$ kN,放在水平梁 AC 的中间,A 和 B 为固定铰链,C 为中间铰链。若忽略梁和撑杆的重量,试求 A 处的约束力及杆 BC 所受的力。

解:取梁 AC 及电动机为研究对象,受力分析,画受力如图(b)所示。

$$\sum F_x = 0, \quad F'_{CB}\cos 30° - F_A\cos 30° = 0, \quad F'_{CB} = F_A$$

$$\sum F_y = 0, \quad F_A\sin 30° + F'_{CB}\sin 30° - P = 0$$

$F_A = F'_{CB} = P = 5$ kN,方向与 x 轴正向成 150°夹角,$F_{BC} = 5$ kN(压力)

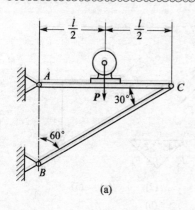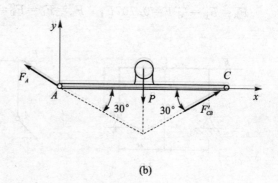

图 2-7 题 2-5 图

2-6 图 2-8 所示圆柱体 A 重 P，在其中心系着两绳 AB 和 AC，并分别经过滑轮 B 和 C，两端分别挂重为 P_1 和 P_2 的物体见图(a)，且 $P_2 > P_1$。试求平衡时绳 AC 和水平线所构成的角 α 及 D 处的约束力。

解：取圆柱体 A 分析得

$$F_1 = P_1, \quad F_2 = P_2$$

$$\sum F_x = 0, \quad F_2 \cos\alpha - F_1 = 0, \quad P_2 \cos\alpha - P_1 = 0$$

$$\cos\alpha = \frac{P_1}{P_2}, \quad \alpha = \arccos\frac{P_1}{P_2}$$

$$\sum F_y = 0, \quad F_N + F_2 \sin\alpha - P = 0$$

$$F_N + P_2 \sin\alpha - P = 0$$

$$F_N = P - P_2\sqrt{1-\cos^2\alpha} = P - P_2\sqrt{1-\left(\frac{P_1}{P_2}\right)^2} = P - \sqrt{P_2^2 - P_1^2}$$

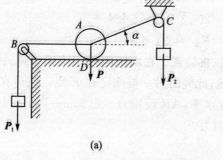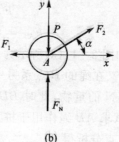

图 2-8 题 2-6 图

2-7 图 2-9 所示三铰拱架由 AC 和 BC 两部分组成，A、B 为固定铰链，C 为中间铰链，如图(a)所示，试求铰链 A、B 的约束力。

解：分析 AC,BC 为二力杆，如图(b)所示。

$$F_A = F'_C = \frac{\sqrt{2}}{2}F = 0.707F, \quad F_B = F_C = F'_C = 0.707F$$

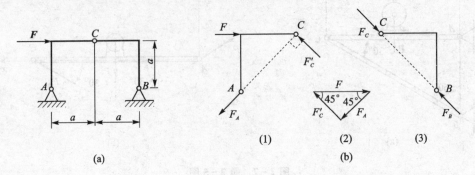

图 2-9 题 2-7 图

2-8 如图 2-10(a)所示，一起重机 BAC 上装一滑轮。重 $P = 20$ kN 的载荷由跨过滑轮的绳子用绞车 D 吊起，A、B、C 都是铰链。试求当载荷匀速上升时杆 AB 和 AC 所受到的力。

解：取滑轮 A 分析：

杆 AB、AC 均为二力杆，且 $F_T = P = 20$ kN

$$\sum F_x = 0 \quad -F'_{AB}\sin 60° + F'_{AC}\sin 30° - 20\cos 30° = 0$$

$$-\sqrt{3}F'_{AB} + F'_{AC} - 20\sqrt{3} = 0 \quad \text{①}$$

$$\sum F_y = 0 \quad F'_{AB}\cos 60° + F'_{AC}\cos 30° - 20\sin 30° - 20 = 0$$

$$F'_{AB} + \sqrt{3}F'_{AC} - 60 = 0 \quad \text{②}$$

由式①得 $F'_{AC} = \sqrt{3}F'_{AB} + 20\sqrt{3}$，代入式②得

$$F'_{AB} + 3F'_{AB} + 60 - 60 = 0, \quad F'_{AB} = 0$$

$$F'_{AC} = 20\sqrt{3} = 34.6 \text{ kN}$$

$$F_{AB} = 0, \quad F_{AC} = 34.6 \text{ kN}(压力)$$

2-9 如图 2-11(a)所示为一拔桩装置。在木桩的 A 点上系一绳，将绳的另一端固定在 C 点，又在绳的 B 点系另一绳，此绳的另一端固定在 E 点。然后在绳的 D 点挂一重 $P = 300$ N 的重物，此时 BD 段水平，AB 段垂直。已知 $\alpha = 0.1$ rad（当 α 很小时 $\tan \alpha \approx \alpha$）。试求 AB 绳作用于桩上的力 F。

解：取 D 点分析得

$$\sum F_y = 0, \quad F_{DE}\sin \alpha - P = 0, \quad F_{DE} = \frac{P}{\sin \alpha}$$

$$\sum F_x = 0, \quad F_{DB} - F_{DE}\cos \alpha = 0, \quad F_{DB} = F_{DE}\cos \alpha = P\cot \alpha$$

取 B 点分析得

$$\sum F_x = 0, \quad F_{BC}\sin \alpha - F_{BD} = 0, \quad F_{BC} = \frac{F_{BD}}{\sin \alpha} = \frac{P\cot \alpha}{\sin \alpha}$$

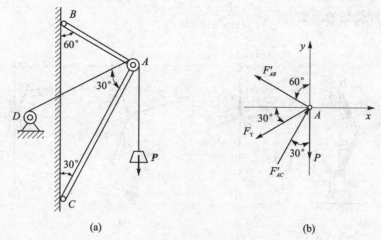

图 2-10 题 2-8 图

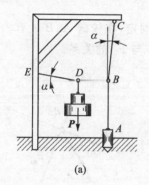

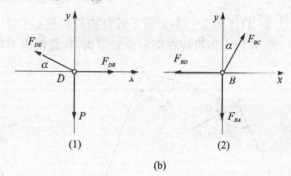

图 2-11 题 2-9 图

$$\sum F_y = 0, \quad F_{BC}\cos\alpha - F_{BA} = 0$$

$$F_{BA} = F_{BC}\cos\alpha = P\cot^2\alpha = \frac{P}{\tan^2\alpha} = \frac{300 \text{ N}}{0.1^2} = 30\,000 \text{ N} = 30 \text{ kN}$$

所以,作用于桩上的力 $F = 30$ kN。

2-10 如图 2-12(a)所示为液压式夹紧机构,D 为固定铰,B、C、E 为中间铰。已知力 F 及几何尺寸,试求平衡时工件 H 所受的压紧力。

解:分析轮 B 得

$$\sum F_y = 0, \quad F_{BC}\sin\alpha - F = 0, \quad F_{BC} = \frac{F}{\sin\alpha}$$

分析销钉 C 得

$$\sum F_x = 0, \quad F_{CB} - F_{CE}\sin 2\alpha = 0, \quad F_{CE} = \frac{F_{CB}}{\sin 2\alpha} = \frac{F}{\sin\alpha\sin 2\alpha}$$

分析 E 得

$$\sum F_y = 0, \quad F'_H - F_{EC}\cos\alpha = 0, \quad F'_H = F_{EC}\cos\alpha = \frac{F}{\sin\alpha\sin 2\alpha}\cos\alpha = \frac{F}{2\sin^2\alpha}$$

所以，工件 H 受到的压紧力 $F_H = \dfrac{F}{2\sin^2\alpha}$。

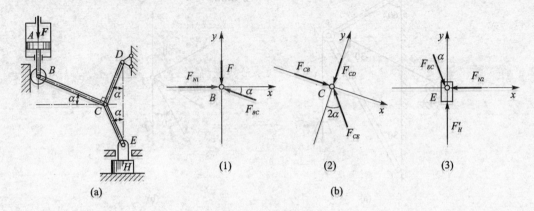

图 2-12 题 2-10 图

2-11 图 2-13(a)所示铰链四杆机构 $CABD$ 的 CD 边固定，在铰链 A、B 处有力 F_1、F_2 作用。该机构在图示位置平衡，杆重略去不计，求力 F_1 与 F_2 的关系。

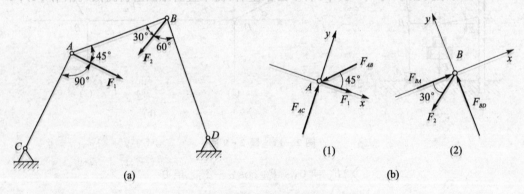

图 2-13 题 2-11 图

解：分析销钉 A 得

$$\sum F_x = 0, \quad F_1 - F_{AB}\cos 45° = 0, \quad F_{AB} = \sqrt{2}F_1$$

分析销钉 B 得

$$\sum F_x = 0, \quad F_{BA} - F_2\cos 30° = 0, \quad F_{AB} = \dfrac{\sqrt{3}}{2}F_2$$

$$F_{BA} = F_{AB}, \quad \sqrt{2}F_1 = \dfrac{\sqrt{3}}{2}F_2$$

$$\dfrac{F_1}{F_2} = \dfrac{\sqrt{3}}{2\sqrt{2}} = 0.612$$

第3章 力矩和平面力偶系

3.1 重点内容提要

3.1.1 力矩

力矩是力学中的一个基本概念,是度量力对物体产生转动效应的物理量,按下式计算,即
$$M_o(\boldsymbol{F}) = \pm Fd$$
力使物体绕矩心作逆时针方向转动时为正,顺时针方向转动时为负,平面内力矩是代数量。

3.1.2 力偶

(1) 力偶是力学中的一个基本量,是由等值、反向、不共线的两平行力组成,对物体只能产生转动效应,并用力偶矩来度量,即
$$M = \pm Fd$$
逆时针方向转动时为正,顺时针方向转动时为负。因此,在平面内力偶矩是代数量。

(2) 力偶无合力,不能与一个力等效,因而也不能用一个力与之平衡。

3.1.3 平面力偶系的合成与平衡

1. 平面力偶系的合成

平面力偶系合成的结果为一合力偶,合力偶的力偶矩等于各力偶矩的代数和,即
$$M = \sum M_i$$

2. 平面力偶系的平衡条件

平面力偶系平衡的条件是:力偶系中各力偶矩的代数和等于零,即
$$\sum M_i = 0$$
上式称为平面力偶系的平衡方程。

3.2 综合训练解析

3-1 试分别计算如图 3-1 所示各种情况下力 F 对 O 点之矩。

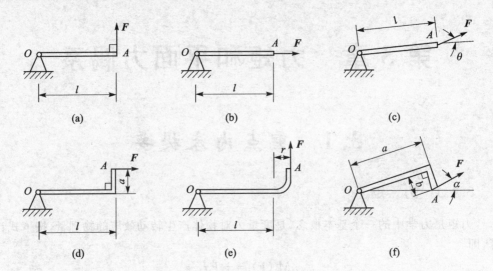

图 3-1 题 3-1 图

解： (a) $M_O(\boldsymbol{F}) = Fl$ (b) $M_O(\boldsymbol{F}) = 0$
(c) $M_O(\boldsymbol{F}) = Fl\sin\theta$ (d) $M_O(\boldsymbol{F}) = -Fa$
(e) $M_O(\boldsymbol{F}) = F(l+r)$ (f) $M_O(\boldsymbol{F}) = F\sqrt{a^2+b^2}\sin\alpha$

3-2 在如图 3-2 所示结构中，各构件的自重略去不计。在构件 AB 上作用一力偶矩为 M 的力偶，求支座 A 和 C 的约束力。

解： 取 AB、BC 组成的系统分析：由于 BC 杆为二力杆且系统的主动力只有力偶，因此系统的受力如图 3-2 所示。

$$\sum M_i = 0, \quad F_A \cdot \sqrt{8}a - M = 0$$

$$F_A = \frac{M}{\sqrt{8}a} = \frac{\sqrt{2}M}{4a}$$

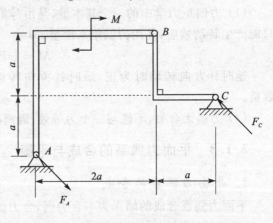

图 3-2 题 3-2 图

$$F_C = F_A = \frac{\sqrt{2}M}{4a}$$

3-3 如图 3-3(a)所示为卷扬机简图，重物 M 放在小台车 C 上，小台车上装有 A 轮和 B 轮，可沿导轨 ED 上下运动。已知重物重量 $P=2$ kN，图中长度单位为 mm，试求导轨对 A 轮和 B 轮的约束力。

解： 取小台车分析，$P = F_T = 2$ kN

$$\sum M_i = 0, \quad P \cdot 300 - F_A \cdot 800 = 0$$

$$F_A = \frac{3}{8} \times 2 \text{ kN} = 0.75 \text{ kN} = 750 \text{ N}$$

$$F_B = F_A = 750 \text{ N}$$

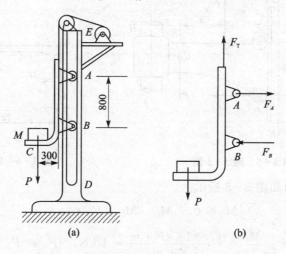

图 3-3 题 3-3 图

3-4 如图 3-4 所示,锻锤工作时,如工件给它的反作用力有偏心,则会使锻锤 C 发生偏斜,这将在导轨 AB 上产生很大的压力,从而加速导轨的磨损并影响锻锤的精度。已知打击力 $F = 1\,000$ kN,偏心距 $e = 20$ mm,锻锤高度 $h = 200$ mm。试求锻锤给导轨两侧的压力。

解:取锻锤分析,受力如图 3-4 所示。

$$\sum M_i = 0, \quad F \cdot e - F_A \cdot h = 0$$

$$F_A = \frac{F \cdot e}{h} = \frac{1\,000 \text{ kN} \times 20 \text{ mm}}{200 \text{ mm}} = 100 \text{ kN}$$

$$F_B = F_A = 100 \text{ kN}$$

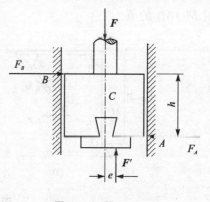

图 3-4 题 3-4 图

锻锤给导轨两侧的压力与 F_A、F_B 互为作用力与反作用力。

3-5 炼钢用的电炉上,有一电极提升装置,如图 3-5 所示。设电极 HI 和支架共重 P,重心在 C 点。支架上 A、B 和 E 三个导轮可沿固定立柱 JK 滚动,钢丝绳系在 D 点。求电极等速直线上升时钢丝绳的拉力及 A、B、E 三处的约束力。

解:钢丝绳的拉力为 $F = P$

E 处的约束力 $\qquad\qquad F_E = 0$

A、B 处的约束力 $\qquad\qquad F_A = F_B = \dfrac{a}{b} P$

3-6 已知 $M_1 = 3$ kN·m,$M_2 = 1$ kN·m,转向如图 3-6 所示。$a = 1$ m,试求图示刚架 A 及 B 处的约束力。

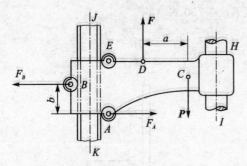
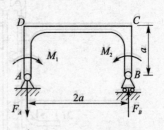

图 3-5 题 3-5 图　　图 3-6 题 3-6 图

解：刚架的受力如图 3-6 所示。

$$\sum M_i = 0, \quad M_2 - M_1 + F_A \cdot 2a = 0$$

$$F_A = \frac{M_1 - M_2}{2a} = \frac{(3-1)\text{ kN} \cdot \text{m}}{2 \times 1 \text{ m}} = 1 \text{ kN}, \quad F_B = F_A = 1 \text{ kN}$$

3-7 四连杆机构在图 3-7(a) 所示位置时平衡，已知 $\alpha = 30°$, $\beta = 90°$。试求平衡时 M_1/M_2 的值。

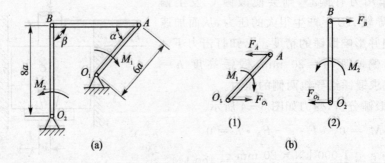

图 3-7 题 3-7 图

解：AB 杆为二力杆，首先分析 $O_1 A$ 杆

$$\sum M_i = 0, \quad F_A \cdot 6a \sin\alpha - M_1 = 0, \quad F_A = \frac{M_1}{6a \sin 30°} = \frac{M_1}{3a}$$

再分析杆 $O_2 B$ 杆

$$\sum M_i = 0, \quad M_2 - F_B \cdot 8a = 0, \quad F_B = \frac{M_2}{8a}$$

$$F_A = F_B, \quad \frac{M_1}{3a} = \frac{M_2}{8a}, \quad \frac{M_1}{M_2} = \frac{3}{8}$$

3-8 如图 3-8(a) 所示曲柄滑道机构中，杆 AE 上有一导槽，套在杆 BD 的销子 C 上，销子 C 可在光滑导槽内滑动。已知 $M_1 = 4$ kN·m，转向如图 3-8 所示，$AB = 2$ m，在图示位置处于平衡，$\theta = 30°$。试求 M_2 及铰链 A 和 B 的约束力。

解：首先分析 AE

$$\sum M_i = 0, \quad F_A \cdot 2\cot 30° - M_1 = 0$$

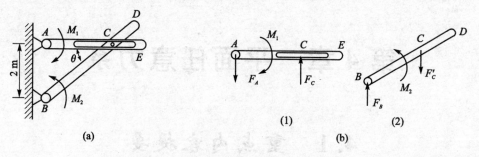

图 3-8 题 3-8 图

$$F_A = \frac{M_1}{2\cot 30°} = \frac{4}{2\sqrt{3}} = 1.155 \text{ kN}, \quad F_C = F_A = 1.155 \text{ kN}$$

再分析 BD

$$\sum M_i = 0, \quad M_2 - F'_C \cdot 2\cot 30° = 0$$

$$M_2 = \frac{4}{2\sqrt{3}} \times 2\sqrt{3} = 4 \text{ kN} \cdot \text{m}, \quad F_B = F'_C = 1.155 \text{ kN}$$

3-9 在图 3-9(a)所示的结构中,各构件的自重略去不计,在构件 BC 上作用一力偶矩为 M 的力偶。求支座 A 的约束力。

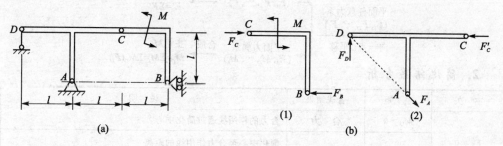

图 3-9 题 3-9 图

解:先分析 BC

$$\sum M_i = 0, \quad M - F_C l = 0, \quad F_C = \frac{M}{l}$$

再分析 ACD

$$\sum F_x = 0, \quad F_A \cos 45° - F'_C = 0, \quad F_A = \frac{F'_C}{\cos 45°} = \frac{\sqrt{2}M}{l}$$

第4章 平面任意力系

4.1 重点内容提要

4.1.1 力线平移定理

平移一力时必须附加一力偶，附加力偶的力偶矩等于原来的力对平移点之矩。这是力系简化的理论基础。

4.1.2 平面任意力系的简化

1. 简化过程

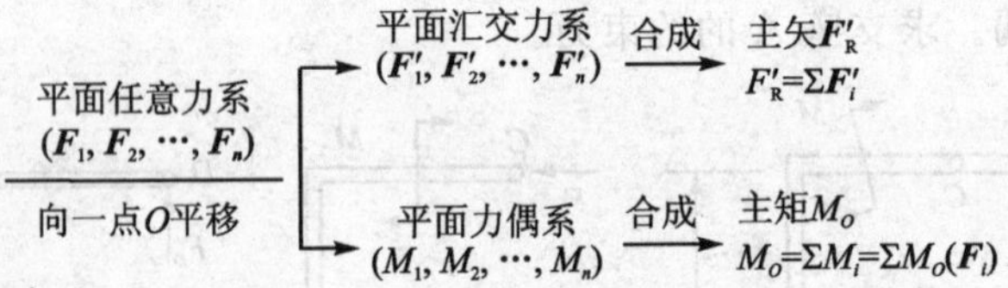

平面任意力系 $(F_1, F_2, \cdots, F_n)$ 向一点 O 平移：
- 平面汇交力系 $(F'_1, F'_2, \cdots, F'_n)$ —合成→ 主矢 F'_R，$F'_R = \Sigma F'_i$
- 平面力偶系 $(M_1, M_2, \cdots, M_n)$ —合成→ 主矩 M_O，$M_O = \Sigma M_i = \Sigma M_O(F_i)$

2. 简化结果分析

主矢	主矩	合成结果	说明
$F'_R \neq 0$	$M_O = 0$	合力	合力的作用线通过简化中心
	$M_O \neq 0$	合力	简化中心至合力作用线的距离 $d = \lvert M_O \rvert / F'_R$
$F'_R = 0$	$M_O \neq 0$	合力偶	力偶矩等于主矩，与简化中心的位置无关
	$M_O = 0$	平衡	

4.1.3 平面任意力系平衡方程的三种形式

基本形式	二矩式	三矩式
$\sum F_x = 0$	$\sum F_x = 0$（或 $\sum F_y = 0$）	$\sum M_A(\boldsymbol{F}) = 0$
$\sum F_y = 0$	$\sum M_A(\boldsymbol{F}) = 0$	$\sum M_B(\boldsymbol{F}) = 0$
$\sum M_O(\boldsymbol{F}) = 0$	$\sum M_B(\boldsymbol{F}) = 0$	$\sum M_C(\boldsymbol{F}) = 0$
	A、B 连线不能垂直于 x 轴或 y 轴	A、B、C 三点不能共线

4.1.4 平面平行力系平衡方程的两种形式

基本形式	二矩式
$\sum F_y = 0$	$\sum M_A(\boldsymbol{F}) = 0$
$\sum M_O(\boldsymbol{F}) = 0$	$\sum M_B(\boldsymbol{F}) = 0$ A、B 连线不能与力作用线平行

4.1.5 刚体系统的平衡

1. 刚体系统静定性质的判断

静定问题：未知力的数目等于对应的独立平衡方程的数目。
静不定问题：未知力的数目多于对应的独立平衡方程的数目。
静不定次数：未知力的数目超过独立平衡方程数目的个数。
静力学的研究对象是刚体，因此只能解决静定问题。

2. 选择合适的研究对象

刚体系统是由多个刚体组成，研究对象的选择对于能否求解以及求解过程的繁简关系密切。

3. 区分内力和外力

4.1.6 平面桁架内力的计算

1. 节点法

平面汇交力系只有两个平衡方程，因此运用节点法求桁架的内力时，最好逐次列出只含两个未知力的节点的平衡方程。

2. 截面法

平面任意力系只有三个独立的平衡方程，因此作截面时每次最好只截断三根内力未知的杆件。

4.2 综合训练解析

4-1 已知 $F_1 = 60$ N，$F_2 = 80$ N，$F_3 = 150$ N，$M = 100$ N·m，转向为逆时针，$\theta = 30°$，图 4-1 中长度单位为 m。试求图中力系向 O 点的简化结果及最终结果。

解：力系向 O 点简化

$$F_{Rx} = F_2 - F_3 \cos\theta = 80 \text{ N} - 150 \text{ N} \times \frac{\sqrt{3}}{2} = -49.9 \text{ N}$$

$$F_{Ry} = F_1 - F_3 \sin\theta = 60 \text{ N} - 150 \text{ N} \times \frac{1}{2} = -15 \text{ N}$$

主矢的大小：$F'_R = \sqrt{F_{Rx}^2 + F_{Ry}^2} = (\sqrt{(-49.9)^2 + (-15)^2})\text{N} = 52.1 \text{ N}$

主矢的方向：$\tan\alpha = \left|\dfrac{F_{Ry}}{F_{Rx}}\right| = \dfrac{15 \text{ N}}{49.9 \text{ N}} = 0.300\,6, \quad \alpha = 16.74°$

主矩

$$M_O = 5F_1 - 2F_2 - 4F_3\cos\theta + M =$$

$5 \text{ m} \times 60 \text{ N} - 2 \text{ m} \times 80 \text{ N} - 4 \text{ m} \times 150 \text{ N} \times \dfrac{\sqrt{3}}{2} + 100 \text{ N}\cdot\text{m} = -279.6 \text{ N}\cdot\text{m}$

将 F'_R 与 M_O 合成得最终结果

$$F_R = F'_R = 52.1 \text{ N}, \quad d = \dfrac{M_O}{F'_R} = \dfrac{279.6 \text{ N}\cdot\text{m}}{52.1 \text{ N}} = 5.37 \text{ m}$$

合力 $\boldsymbol{F}_R$ 的作用线在作用于 O 点的 $\boldsymbol{F}'_R$ 右下测，如图(c)所示。

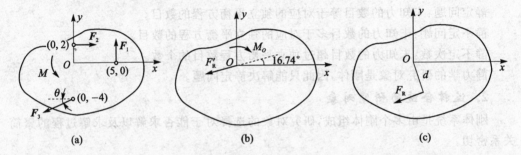

图 4-1 题 4-1 图

4-2 已知物体所受力系如图 4-2 所示，$F = 10 \text{ kN}, M = 20 \text{ kN}\cdot\text{m}$，转向如图所示。

(a) 若选择 x 轴上 B 点为简化中心，其主矩 $M_B = 10 \text{ kN}\cdot\text{m}$，转向为顺时针，试求 B 点的位置及主矢 F'_R。

(b) 若选择 CD 线上 E 点为简化中心，其主矩 $M_E = 30 \text{ kN}\cdot\text{m}$，转向为顺时针，$\alpha = 45°$，试求位于 CD 直线上的 E 点的位置及主矢 F'_R。

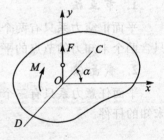

图 4-2 题 4-2 图

解：(a) $M_B = M + F \cdot x_B$

$10 \text{ kN}\cdot\text{m} = 20 \text{ kN}\cdot\text{m} + x_B \cdot 10 \text{ kN}$，则 $x_B = -1 \text{ m}$。

B 点的位置为 $(-1, 0)$

主矢 $F'_R = 10 \text{ kN}$，方向与 y 轴正向一致。

(b) $M_E = M + F \cdot x_E$，$30 \text{ kN}\cdot\text{m} = 20 \text{ kN}\cdot\text{m} + x_E \cdot 10 \text{ kN}$

则 $x_E = 1 \text{ m}$，$y_E = x_E \cdot \tan 45° = 1 \text{ m}$

E 点的位置为 $(1, 1)$，主矢 $F'_R = 10 \text{ kN}$，方向与 y 轴正向一致。

4-3 试求图 4-3 所示各梁或刚架的支座约束力。

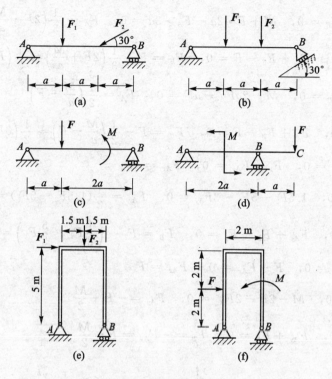

图 4-3 题 4-3 图

解: 图 4-4(a)～图 4-4(f)为图 4-3(a)～图 4-3(f)梁和刚架的受力图。

(a)：$\sum F_x = 0$, $F_{Ax} - F_2 \cos 30° = 0$, $F_{Ax} = F_2 \cos 30° = \dfrac{\sqrt{3}}{2} F_2$

$\sum M_B = 0$, $2aF_1 + F_2 \cdot a \sin 30° - 3aF_{Ay} = 0$

$F_{Ay} = \dfrac{1}{3a}\left(2aF_1 + \dfrac{1}{2}aF_2\right) = \dfrac{1}{6}(4F_1 + F_2)$

$\sum F_y = 0$, $F_{Ay} + F_B - F_1 - F_2 \sin 30° = 0$

$F_B = F_1 + \dfrac{1}{2}F_2 - \dfrac{1}{6}(4F_1 + F_2) = \dfrac{1}{3}(F_1 + F_2)$

(b)：$\sum M_A = 0$, $F_B \cdot 3a \sin 60° - aF_1 - 2aF_2 = 0$

$F_B = \dfrac{F_1 + 2F_2}{3 \times (\sqrt{3}/2)} = \dfrac{2}{3\sqrt{3}}(F_1 + 2F_2)$

$\sum F_x = 0$, $F_{Ax} - F_B \cos 60° = 0$, $F_{Ax} = F_B \cos 60° = \dfrac{1}{3\sqrt{3}}(F_1 + 2F_2)$

$\sum F_y = 0$, $F_{Ay} + F_B \sin 60° - F_1 - F_2 = 0$

$F_{Ay} = F_1 + F_2 - \dfrac{2}{3\sqrt{3}}(F_1 + 2F_2) \times \dfrac{\sqrt{3}}{2} = \dfrac{1}{3}(2F_1 + F_2)$

(c): $\sum M_B = 0$, $M + F \cdot 2a - F_A \cdot 3a = 0$, $F_A = \dfrac{1}{3}\left(2F + \dfrac{M}{a}\right)$

$\sum F_y = 0$, $F_A + F_B - F = 0$, $F_B = F - \dfrac{1}{3}\left(2F + \dfrac{M}{a}\right) = \dfrac{1}{3}\left(F - \dfrac{M}{a}\right)$

(d): $\sum M_B = 0$, $M - 2aF_A - aF = 0$, $F_A = \dfrac{1}{2}\left(\dfrac{M}{a} - F\right)$

$\sum F_y = 0$, $F_A + F_B - F = 0$, $F_B = F - \dfrac{1}{2}\left(\dfrac{M}{a} - F\right) = \dfrac{1}{2}\left(3F - \dfrac{M}{a}\right)$

(e): $\sum F_x = 0$, $F_1 - F_{Ax} = 0$, $F_{Ax} = F_1$

$\sum M_B = 0$, $1.5F_2 - 5F_1 - 3F_{Ay} = 0$, $F_{Ay} = \dfrac{1}{3}(1.5F_2 - 5F_1) = \dfrac{1}{2}F_2 - \dfrac{5}{3}F_1$

$\sum F_y = 0$, $F_{Ay} + F_B - F_2 = 0$, $F_B = F_2 - \left(\dfrac{1}{2}F_2 - \dfrac{5}{3}F_1\right) = \dfrac{1}{2}F_2 + \dfrac{5}{3}F_1$

(f): $\sum F_x = 0$, $F - F_{Ax} = 0$, $F_{Ax} = F$

$\sum M_B = 0$, $M - 2F - 2F_{Ay} = 0$, $F_{Ay} = -F + \dfrac{M}{2}$

$\sum F_y = 0$, $F_{Ay} + F_B = 0$, $F_B = -F_{Ay} = F - \dfrac{M}{2}$

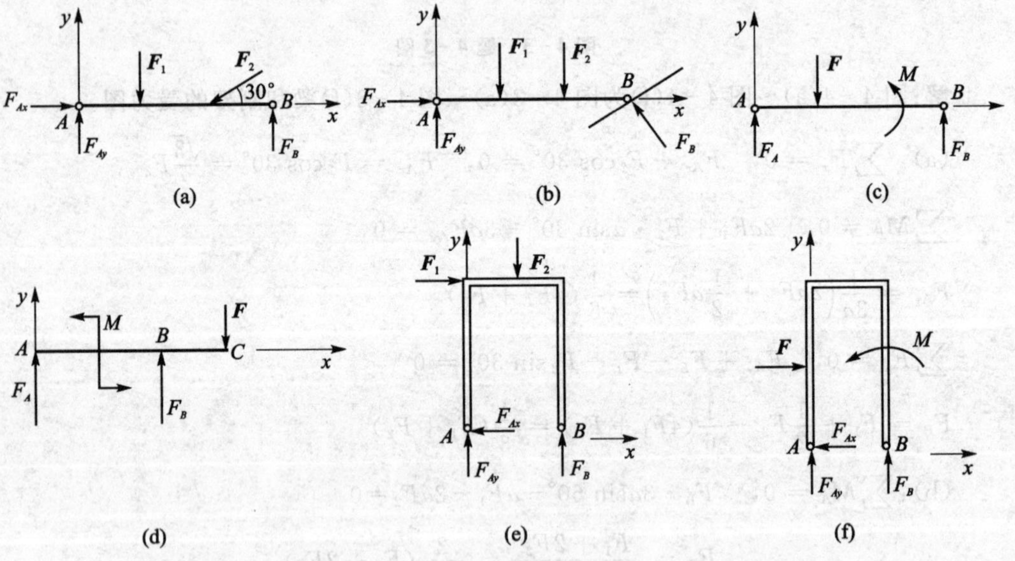

图 4-4 梁和刚架的受力图

4-4 高炉上料的斜桥,其支承情况可简化为如图 4-5(a) 所示。设 A 和 B 为固定铰,D 为中间铰,料车对斜桥的总压力为 F,斜桥(连同轨道)重为 P,立柱 BD 重量不计,几何尺寸如图所示。试求 A 和 B 的支座约束力。

解:取斜桥 AC 分析

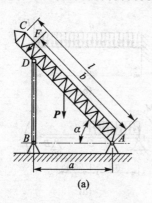
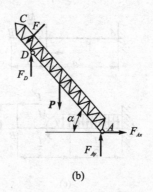

图 4-5 题 4-4 图

$\sum F_x = 0$, $F_{Ax} - F\sin\alpha = 0$, $F_{Ax} = F\sin\alpha$

$\sum M_A = 0$, $Fb + P\cos\alpha \cdot \dfrac{1}{2}l - F_D \cdot a = 0$, $F_D = \dfrac{1}{2a}(2Fb + Pl\cos\alpha)$

$\sum F_y = 0$, $F_{Ay} + F_D - P - F\cos\alpha = 0$

$F_{Ay} = F\cos\alpha + P - \dfrac{1}{2a}(2Fb + Pl\cos\alpha) = F\left(\cos\alpha - \dfrac{b}{a}\right) + P\left(1 - \dfrac{l}{2a}\cos\alpha\right)$

A 支座约束力　　$F_{Ax} = F\sin\alpha$, $F_{Ay} = F\left(\cos\alpha - \dfrac{b}{a}\right) + P\left(1 - \dfrac{l}{2a}\cos\alpha\right)$

B 支座约束力　$F_B = F_D = \dfrac{1}{2a}(2Fb + Pl\cos\alpha)$, 方向铅直向上, 如图 4-5(b)所示。

4-5　齿轮减速箱重 $P=500$ N, 输入轴受一力偶作用, 其力偶矩 $M_1=600$ N·m, 输出轴受另一力偶作用, 其力偶矩 $M_2=900$ N·m, 转向如图 4-6 所示。试计算齿轮减速箱的 A、B 两端螺栓和地面间的作用力。

解： $\sum M_B = 0$, $500F_A + 300P - M_1 - M_2 = 0$

$F_A = \dfrac{1}{500\ \text{mm}}(600\times 10^3\ \text{N·mm} + 900\times 10^3\ \text{N·mm} - 300\times 500\ \text{N·mm}) = 2\ 700\ \text{N} = 2.7\ \text{kN}$

$\sum F_y = 0$, $F_B - F_A - P = 0$

$F_B = 2.7\ \text{kN} + 0.5\ \text{kN} = 3.2\ \text{kN}$

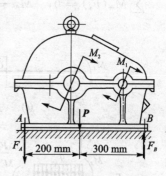

图 4-6 题 4-5 图

4-6　试求图 4-7 所示各梁的支座约束力。

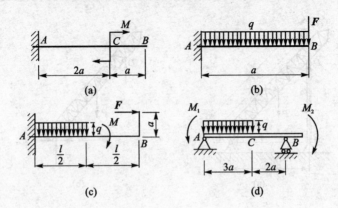

图 4-7 题 4-6 图

解：图 4-8 为图 4-7 所示各梁的受力图。

(a)：$\sum M_i = 0$，$M_A - M = 0$，$M_A = M$（逆时针）

(b)：$\sum F_y = 0$，$F_A - F - qa = 0$，$F_A = F + qa$

$\sum M_A(F_i) = 0$，$M_A - Fa - \frac{1}{2}qa^2 = 0$，$M_A = Fa + \frac{1}{2}qa^2$（逆时针）

(c)：$\sum F_x = 0$，$F - F_{Ax} = 0$，$F_{Ax} = F$

$\sum F_y = 0$，$F_{Ay} - \frac{1}{2}ql = 0$，$F_{Ay} = \frac{1}{2}ql$

$\sum M_A(F_i) = 0$，$M_A - M - Fa - \frac{1}{2}q\left(\frac{1}{2}l\right)^2 = 0$，$M_A = M + Fa + \frac{1}{8}ql^2$

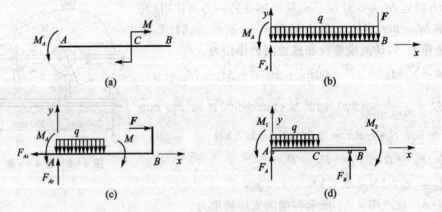

图 4-8 题 4-6 各梁的受力图

(d)：$\sum M_B = 0$，$-5aF_A - M_2 + M_1 + 3qa \cdot 3.5a = 0$

$F_A = \frac{1}{5a}(M_1 - M_2 + 10.5qa^2) = \frac{M_1 - M_2}{5a} + 2.1qa$

$\sum F_y = 0$，$F_A + F_B - 3qa = 0$

$$F_B = 3qa - \frac{M_1 - M_2}{5a} - 2.1qa = 0.9qa + \frac{M_2 - M_1}{5a}$$

4-7 各刚架的载荷和尺寸如图 4-9 所示，试求刚架的各支座约束力。

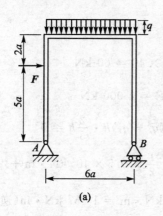
(a)

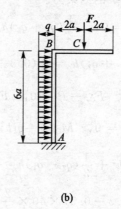
(b)

图 4-9 题 4-7 图

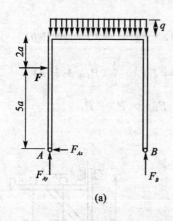
(a)

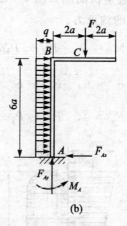
(b)

图 4-10 题 4-7 各刚架的受力图

解：如图 4-10 所示为各刚架的受力图。

(a)：$\sum F_x = 0$, $F - F_{Ax} = 0$, $F_{Ax} = F$

$\sum M_A = 0$, $6aF_B - 5aF - \frac{1}{2}q(6a)^2 = 0$, $F_B = \frac{5}{6}F + 3qa$

$\sum F_y = 0$, $F_{Ay} + F_B - 6qa = 0$

$F_{Ay} = 6qa - \frac{5}{6}F - 3qa = 3qa - \frac{5}{6}F$

(b)：$\sum F_x = 0$, $6qa - F_{Ax} = 0$, $F_{Ax} = 6qa$

$\sum F_y = 0$, $F_{Ay} - F = 0$, $F_{Ay} = F$

$\sum M_A(F_i) = 0$, $M_A - 2aF - \frac{1}{2}q(6a)^2 = 0$, $M_A = 2aF + 18a^2$ （逆时针）

4-8 图 4-11 所示为热风炉,其高 $h=40$ m,重 $P=4\,000$ kN,所受风压力可以简化为梯形分布力,图中 $q_1=500$ N/m,$q_2=2.5$ kN/m。可将地基抽象化为固定端约束,试求地基对热风炉的约束力。

解:$\sum F_x = 0$, $\dfrac{1}{2}(q_1+q_2)h - F_{Ox} = 0$

$F_{Ox} = \dfrac{1}{2}(q_1+q_2)h = \dfrac{1}{2}(0.5+2.5)\times 40 = 60$ kN

$\sum F_y = 0$, $F_{Oy} - P = 0$, $F_{Oy} = P = 4\,000$ kN

$\sum M_O(F_i) = 0$, $M_O - \dfrac{1}{2}q_1 h^2 - \dfrac{1}{2}(q_2-q_1)h \cdot \dfrac{2}{3}h = 0$

$M_O = \dfrac{1}{2}q_1 h^2 + \dfrac{1}{2}(q_2-q_1)h \cdot \dfrac{2}{3}h = \dfrac{1}{2}\times 0.5\times 40^2$ kN·m $+$

$\dfrac{1}{2}(2.5-0.5)\times 40 \times \dfrac{2}{3}\times 40$ kN·m $= 1\,467$ kN·m(逆时针)

4-9 起重机简图如图 4-12 所示。已知 P_1、P_2、a、b 及 c,求向心轴承 A 及向心推力轴承 B 的约束力。

解:$\sum M_B = 0$, $F_{AC} - P_1 a - P_2 b = 0$, $F_A = \dfrac{1}{c}(P_1 a + P_2 b)$

$\sum F_x = 0$, $F_{Bx} - F_A = 0$, $F_{Bx} = F_A = \dfrac{1}{c}(P_1 a + P_2 b)$

$\sum F_y = 0$, $F_{By} - P_1 - P_2 = 0$, $F_{By} = P_1 + P_2$

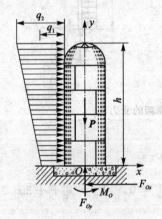
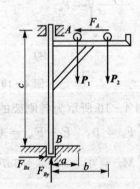

图 4-11 题 4-8 图　　　　图 4-12 题 4-9 图

4-10 悬臂式吊车的结构简图如图 4-13 所示。该吊车由 DE、AC 二杆组成,A、B、C 为铰链连接。已知钢板重 $P_1=5$ kN,配重 $P_2=1$ kN,不计杆重。试求杆 AC 所受的力和 B 点的约束力。

解:以构件 DE 及钢板、配重组成的系统为研究对象

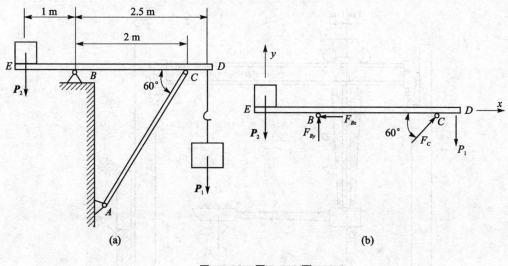

图 4-13 题 4-10 图

$\sum M_B = 0, \quad 1 \times P_2 + F_C \times 2 \times \sin 60° - 2.5 P_1 = 0$

$F_C = \dfrac{1}{\sqrt{3}}(2.5 \times 5 - 1 \times 1) = 6.64 \text{ kN}$

$\sum F_x = 0, \quad F_C \cos 60° - F_{Bx} = 0,$

$F_{Bx} = F_C \cos 60° = 6.64 \text{ kN} \times \dfrac{1}{2} = 3.32 \text{ kN}$

$\sum F_y = 0, \quad F_{By} + F_C \sin 60° - P_1 - P_2 = 0$

$F_{By} = P_1 + P_2 - F_C \sin 60° = (5+1) \text{ kN} - 6.64 \text{ kN} \times \dfrac{\sqrt{3}}{2} = 0.25 \text{ kN}$

$F_{AC} = F_C = 6.64 \text{ kN}(压力)$

4-11 平炉的送料机由跑车 A 及走动的桥 B 所组成，跑车装有轮子，可沿桥移动。跑车下部装有一倾覆操纵柱 D，其上装有料箱 C。料箱中的载荷 $P_1 = 15$ kN，力 P_1 与跑车轴线 OA 的距离为 5 m，几何尺寸如图 4-14 所示。如欲保证跑车不致翻倒，试问小车连同操纵柱的配重 P 最小应为多少？

解：以小车 A、操纵柱 D、料箱 C 组成的系统为研究对象，当配重 P 为最小时，跑车刚好不翻到，此时桥 B 对跑车轮 E 的约束力为零，即 $F_{NE} = 0$。

$\sum M_F = 0, \quad 1 \times P - (5-1)P_1 = 0, \quad P = 4 P_1 = 4 \times 15 \text{ kN} = 60 \text{ kN}$

$P_{\min} = 60 \text{ kN}$

4-12 已知 a、q 和 M，不计梁重。试求图 4-15 所示各连续梁在 A、B 和 C 处的约束力。

解：图 4-16 为题 4-12 各梁的受力图。

(a)：由于 BC 杆上无主动力，因此 $F_B = F_C = 0$。

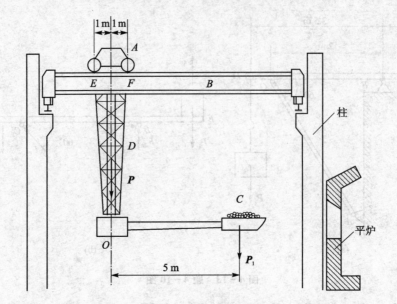

图 4-14 题 4-11 图

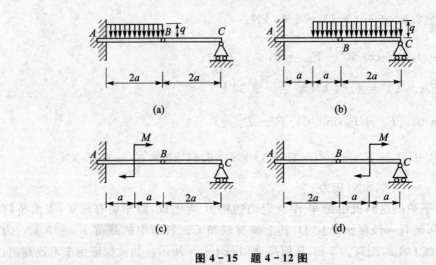

图 4-15 题 4-12 图

分析 AB, $\sum F_y = 0$, $F_A - 2qa = 0$, $F_A = 2qa$

$\sum M_A(F_i) = 0$, $M_A - \frac{1}{2}q(2a)^2 = 0$, $M_A = 2qa^2$（逆时针）

(b): 分析 BC $F_B = F_C = \frac{1}{2}(2qa) = qa$;

再分析 AB $\sum F_y = 0$, $F_A - qa - F'_B = 0$, $F_A = qa + qa = 2qa$

$\sum M_B = 0$, $M_A + \frac{1}{2}qa^2 - 2aF_A = 0$

$$M_A = 4qa^2 - \frac{1}{2}qa^2 = \frac{7}{2}qa^2 = 3.5qa^2 (逆时针)$$

(c)：由于 BC 杆上无主动力,则 $F_B = F_C = 0$；

分析 AB, $\sum M_i = 0$, $M_A - M = 0$, $M_A = M$(逆时针)

(d)：分析 BC, $\sum M_i = 0$, $F_C \cdot 2a - M = 0$

$F_C = \dfrac{M}{2a}$, $F_B = F_C = \dfrac{M}{2a}$；

分析 AB, $F_A = F'_B = \dfrac{M}{2a}$, $M_A = F'_B \cdot 2a = M$(顺时针)

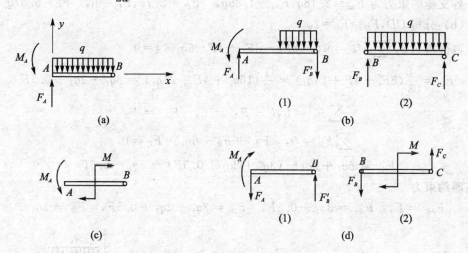

图 4-16 题 4-12 各梁的受力图

4-13 各刚架的载荷和尺寸如图 4-17 所示,不计刚架自重,试求刚架上各支座的约束力。

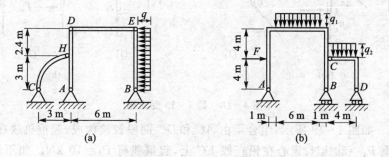

图 4-17 题 4-13 图

解：图 4-18 为题 4-13 各分图的受力图。

(a)：首先分析 BE $F_{By} = 0$, $F_{Bx} = F_{ED} = \dfrac{1}{2} \times 5.4q = 2.7q$；

其次分析 AD, $F_{DE} = F_{ED} = 2.7q$

$$\sum M_A = 0, 5.4F_{DE} - 3 \times \frac{\sqrt{2}}{2}F_H = 0, \quad F_H = \frac{\sqrt{2}}{3} \times 5.4 \times 2.7q = 6.87q$$

$$\sum F_x = 0, \quad F_H \sin 45° - F_{Ax} - F_{DE} = 0$$

$$F_{Ax} = \frac{\sqrt{2}}{3} \times 5.4 \times 2.7q \times \frac{\sqrt{2}}{2} - 2.7q = 2.16q$$

$$\sum F_y = 0, \quad F_H \cos 45° - F_{Ay} = 0, \quad F_{Ay} = F_H \cos 45° = \frac{\sqrt{2}}{3} \times 5.4 \times 2.7q \times \frac{\sqrt{2}}{2} = 4.86q$$

最后分析 CH, $F_C = F'_H = 6.87q$。

各支座约束力为 $F_{Ax} = 2.16q$、$F_{Ay} = 4.86q$, $F_{Bx} = 2.7q$、$F_{By} = 0$, $F_C = 6.87q$

(b): 分析 CD, $F_D = F_C = 2q_2$

再分析 AB, $\sum M_A = 0$, $\quad 8F_B - 8F'_C - 4F - 6q_1 \times 4 = 0$

$$F_B = \frac{1}{8}(8F'_C + 4F + 24q_1) = \frac{1}{8}(16q_2 + 4F + 24q_1) = 3q_1 + 2q_2 + 0.5F$$

$$\sum F_x = 0, F - F_{Ax} = 0, \quad F_{Ax} = F$$

$$\sum F_y = 0, \quad F_{Ay} + F_B - 6q_1 - F'_C = 0$$

$$F_{Ay} = 6q_1 + 2q_2 - (3q_1 + 2q_2 + 0.5F) = 3q_1 - 0.5F$$

各支座约束力

$$F_{Ax} = F, \quad F_{Ay} = 3q_1 - 0.5F, \quad F_B = 3q_1 + 2q_2 + 0.5F, \quad F_D = 2q_2$$

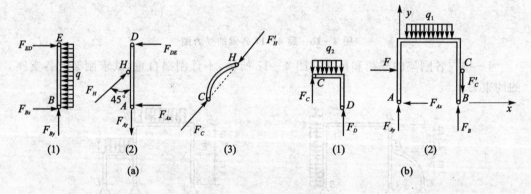

图 4-18 题 4-13 受力图

4-14 如图 4-19 所示,组合梁由 AC 和 DC 两段铰接构成,起重机放在梁上。已知起重机重 $P_1 = 50$ kN,重心在铅直线 EC 上,起重载荷 $P_2 = 10$ kN。如不计梁重,求支座 A、B 和 D 三处的约束力。

解:首先分析起重机

$$\sum M_F = 0, \quad 2F_G - 1P_1 - 5P_2 = 0, \quad F_G = \frac{1}{2}(50 + 5 \times 10) \text{ kN} = 50 \text{ kN}$$

$$\sum F_y = 0, \quad F_F + F_G - P_1 - P_2 = 0, \quad F_F = (50 + 10 - 50) \text{ kN} = 10 \text{ kN}$$

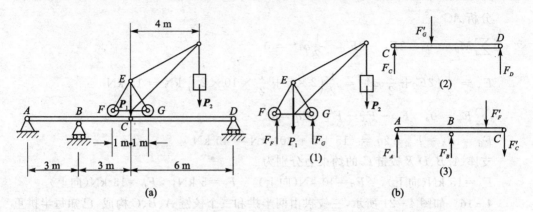

图 4-19 题 4-14 图

其次分析 CD

$\sum M_C = 0, \quad 6F_D - 1F'_G = 0, \quad F_D = \frac{1}{6} \times 50 \text{ kN} = 8.333 \text{ kN}$

$\sum F_y = 0, \quad F_C + F_D - F'_G = 0, \quad F_C = \left(50 - \frac{50}{6}\right) \text{ kN} = \frac{250}{6} \text{ kN}$

再分析 AC

$\sum M_A = 0, \quad 3F_B - 5F'_F - 6F'_C = 0, \quad F_B = \frac{1}{3}\left(5 \times 10 + 6 \times \frac{250}{6}\right) \text{ kN} = 100 \text{ kN}$

$\sum F_y = 0, \quad F_A + F_B - F'_F - F'_C = 0$

$F_A = \left(10 + \frac{250}{6} - 100\right) \text{ kN} = (51.67 - 100) \text{ kN} = -48.33 \text{ kN}(方向向下)$

4-15 由 AC 和 CD 构成的组合梁通过铰链 C 连接,其支承和受力如图 4-20 所示。已知均布载荷 $q = 10$ kN/m,力偶矩 $M = 40$ kN·m,不计梁重。求支座 A、B、D 的约束力和铰链 C 处所受的力。

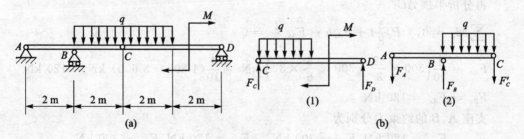

图 4-20 题 4-15 图

解:分析 CD

$\sum M_C = 0, \quad 4F_D - M - \frac{1}{2}qa^2 = 0, \quad F_D = \frac{1}{4}\left(40 + \frac{1}{2} \times 10 \times 2^2\right) \text{ kN} = 15 \text{ kN}$

$\sum F_y = 0, \quad F_C + F_D - 2q = 0, \quad F_C = (2 \times 10 - 15) \text{ kN} = 5 \text{ kN}$

分析 AC

$$\sum M_B = 0, \quad 2F_A - 2F'_C - \frac{1}{2}qa^2 = 0$$

$$F_A = \frac{1}{2}\left(2F'_C + \frac{1}{2}qa^2\right) = \frac{1}{2}\left(2\times 5 + \frac{1}{2}\times 10 \times 2^2\right) \text{ kN} = 15 \text{ kN}$$

$$\sum F_y = 0, \quad F_B - F_A - F'_C - 2q = 0$$

$$F_B = F_A + F'_C + 2q = (15 + 5 + 20) \text{ kN} = 40 \text{ kN}$$

支座 A、B、D 及铰链 C 的约束力分别为

$$F_A = 15 \text{ kN}(向下), \quad F_B = 40 \text{ kN}(向上), \quad F_C = 5 \text{ kN}, \quad F_D = 15 \text{ kN}(向上)$$

4-16 如图 4-21 所示,三铰拱由两半拱和三个铰链 A、B、C 构成,已知每半拱重 $P = 300$ kN,$l = 32$ m,$h = 10$ m。求支座 A、B 的约束力。

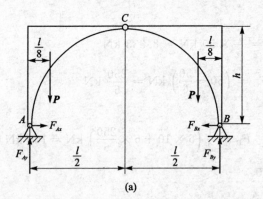
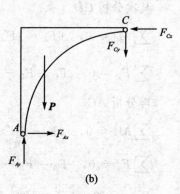

图 4-21 题 4-16 图

解:首先分析整体

$$\sum F_x = 0, \quad F_{Ax} - F_{Bx} = 0, \quad F_{Ax} = F_{Bx}, 且 F_{Ay} = F_{By} = P = 300 \text{ kN}$$

再分析半拱 AC

$$\sum M_C = 0, \quad P\frac{3}{8}l + F_{Ax}h - F_{Ay}\frac{l}{2} = 0$$

$$F_{Ax} = \frac{1}{10}\left(300 \times \frac{32}{2} - 300 \times \frac{3}{8} \times 32\right) \text{ kN} = \frac{1}{10}(4\,800 - 3\,600) \text{ kN} = 120 \text{ kN}$$

$$F_{Bx} = F_{Ax} = 120 \text{ kN}$$

支座 A、B 的约束力分别为

$$F_{Ax} = 120 \text{ kN}、F_{Ay} = 300 \text{ kN}, \quad F_{Bx} = 120 \text{ kN}、F_{By} = 300 \text{ kN}$$

4-17 梯子的两部分 AB 和 AC 在点 A 铰接,又在 D、E 两点用水平绳连接,如图 4-22 所示。梯子放在光滑的水平面上,其一边作用有铅直力 F,尺寸如图所示。如不计梯重,求绳的拉力 F_T。

解:首先分析整体得

$$\sum M_C = 0, \quad Fa\cos\alpha - F_B 2l\cos\alpha = 0, \quad F_B = \frac{a}{2l}F$$

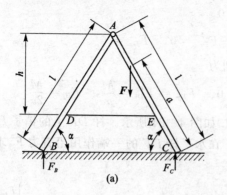
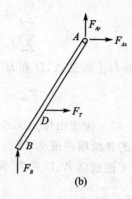

图 4-22 题 4-17 图

再分析 AB 得

$$\sum M_A = 0, \quad F_T h - F_B l \cos \alpha = 0, \quad F_T = \frac{l}{h} F_B \cos \alpha = \frac{l}{h} \cdot \frac{aF}{2l} \cos \alpha = \frac{Fa}{2h} \cos \alpha$$

4-18 构架由杆 AB、AC 和 DF 铰接而成，如图 4-23 所示，在 DEF 杆上作用一力偶矩为 M 的力偶。不计各杆的重量，求 AB 杆上铰链 A、D 和 B 所受的力。

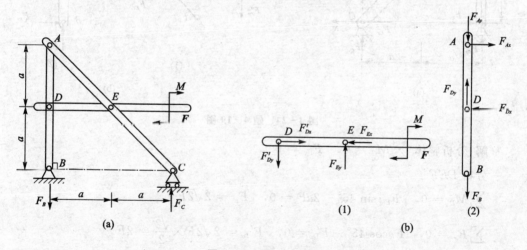

图 4-23 题 4-18 图

解：分析整体

$$\sum M_i = 0, \quad F_B \cdot 2a - M = 0, \quad F_B = \frac{M}{2a}$$

分析 DE

$$\sum M_E = 0, \quad F'_{Dy} \cdot a - M = 0, \quad F'_{Dy} = \frac{M}{a}$$

最后分析 AB

$$\sum F_y = 0, \quad F_{Dy} - F_{Ay} - F_B = 0, \quad F_{Ay} = F_{Dy} - F_B = \frac{M}{a} - \frac{M}{2a} = \frac{M}{2a}$$

$$\sum M_D = 0, F_{Ax} = 0$$

$$\sum F_x = 0, \quad F_{Ax} - F_{Dx} = 0, \quad F_{Dx} = 0$$

AB 杆上铰链 A,D 和 B 所受的力分别为

$$F_{Ax} = 0 \text{、} \quad F_{Ay} = \frac{M}{2a}, \quad F_{Dx} = 0 \text{、} \quad F_{Dy} = F'_{Dy} = \frac{M}{a}, \quad F_B = \frac{M}{2a}$$

4-19 构架由杆 AB、AC 和 DF 组成,如图 4-24 所示。杆 DF 上的销子 E 可在杆 AC 的光滑槽内滑动,不计各杆的重量。在水平杆 DF 的一端作用铅直力 F,求铅直杆 AB 上的铰链 A、D 和 B 所受的力。

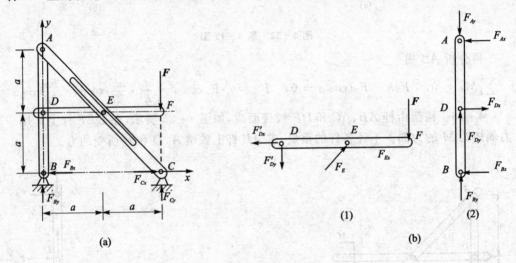

图 4-24 题 4-19 图

解:分析整体 $\sum M_C = 0, \quad F_{By} = 0$

分析 DEF

$$\sum M_D = 0, \quad F_E a \sin 45° - 2aF = 0, \quad F_E = 2\sqrt{2}F$$

$$\sum F_x = 0, \quad F_E \cos 45° - F'_{Dx} = 0, \quad F'_{Dx} = 2\sqrt{2}F \times \frac{\sqrt{2}}{2} = 2F$$

$$\sum F_y = 0, \quad F_E \sin 45° - F'_{Dy} - F = 0$$

$$F'_{Dy} = 2\sqrt{2} \times \frac{\sqrt{2}}{2} - F = F$$

分析 ADB

$$\sum F_y = 0, \quad F_{Dy} + F_{By} - F_{Ay} = 0, \quad F_{Ay} = F_{Dy} + F_{By} = F$$

$$\sum M_B = 0, \quad 2aF_{Ax} - aF_{Dx} = 0, \quad F_{Ax} = \frac{1}{2}F_{Dx} = \frac{1}{2} \times 2F = F$$

$$\sum F_x = 0, \quad F_{Dx} - F_{Ax} - F_{Bx} = 0, \quad F_{Bx} = F_{Dx} - F_{Ax} = 2F - F = F$$

AB 上的铰链 A、D 和 B 所受的力分别为

$F_{Ax}=F$、$F_{Ay}=F$, $F_{Bx}=F$、$F_{By}=0$, $F_{Dx}=2F$、$F_{Dy}=F$

4-20 图 4-25 所示结构由直角弯杆 DAB 与直杆 BC、CD 铰接而成,并在 A 处与 B 处用固定铰支座和可动铰支座固定。杆 DC 受均布载荷 q 的作用,杆 BC 受矩为 $M=qa^2$ 的力偶作用。不计各构件的自重,求铰链 D 受的力。

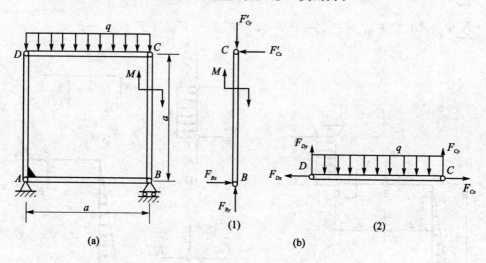

图 4-25 题 4-20 图

解: 分析 BC

$$\sum M_B = 0, \quad aF'_{Cx} - M = 0, \quad F'_{Cx} = \frac{M}{a} = \frac{qa^2}{a} = qa$$

分析 DC

$$\sum F_x = 0, \quad F_{Cx} - F_{Dx} = 0, \quad F_{Dx} = F_{Cx} = qa$$

$$\sum M_C = 0, \quad \frac{1}{2}qa^2 - aF_{Dy} = 0, \quad F_{Dy} = \frac{1}{2}qa$$

铰链 D 受的力为

$$F_D = \sqrt{F_{Dx}^2 + F_{Dy}^2} = \sqrt{(qa)^2 + \left(\frac{1}{2}qa\right)^2} = \frac{\sqrt{5}}{2}qa$$

4-21 如图 4-26 所示构架,由直杆 BC、CD 及直角弯杆 AB 组成,各杆自重不计,载荷分布及尺寸如图所示。销钉 B 穿透 AB 及 BC 两构件,在销钉 B 上作用一集中载荷 F。已知 q、a、M 且 $M=qa^2$。求固定端 A 的约束力及销钉 B 对 BC 杆、AB 杆的作用力。

解: 首先分析 DC

$$\sum M_D = 0, \quad F'_{Cx}a - \frac{1}{2}qa^2 = 0, \quad F'_{Cx} = \frac{1}{2}qa$$

其次分析 BC

$$\sum F_x = 0, \quad F_{BCx} - F_{Cx} = 0, \quad F_{BCx} = F_{Cx} = \frac{1}{2}qa$$

$$\sum M_C = 0, \quad M - F_{BCy}a = 0, \quad F_{BCy} = \frac{M}{a} = \frac{qa^2}{a} = qa$$

分析销钉 B

$$\sum F_x = 0, \quad F'_{BAx} - F'_{BCx} = 0, \quad F'_{BAx} = F'_{BCx} = \frac{1}{2}qa$$

$$\sum F_y = 0, \quad F'_{BAy} - F'_{BCy} - F = 0, \quad F'_{BAy} = F'_{BCy} + F = qa + F$$

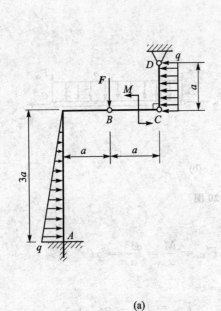
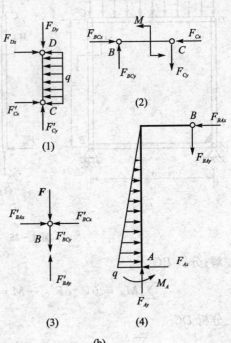

图 4-26　题 4-21 图

最后分析弯杆 AB

$$\sum F_x = 0, \quad \frac{1}{2}q \cdot 3a - F_{Ax} - F_{BAx} = 0, \quad F_{Ax} = \frac{3}{2}qa - \frac{1}{2}qa = qa$$

$$\sum F_y = 0, \quad F_{Ay} - F_{BAy} = 0, \quad F_{Ay} = F_{BAy} = qa + F$$

$$\sum M_A(F_i) = 0, \quad M_A + F_{BAx} \cdot 3a - F_{BAy}a - \frac{3}{2}qa \cdot a = 0$$

$$M_A = \frac{3}{2}qa^2 + (qa + F)a - \frac{1}{2}qa \cdot 3a = (qa + F)a$$

固定端 A 的约束力：$F_{Ax} = qa, \quad F_{Ay} = qa + F, \quad M_A = (qa + F)a$

销钉 B 对 BC 杆的作用力：$F_{BCx} = \frac{1}{2}qa, \quad F_{BCy} = qa$

销钉 B 对 AB 杆的作用力：$F_{BAx} = \frac{1}{2}qa, \quad F_{BAy} = qa + F$

4-22　如图 4-27 所示挖掘机的计算简图中，挖斗载荷 $P = 12.25$ kN，作用于 G

点,尺寸如图所示。不计各构件自重,求在图示位置平衡时杆 EF 和 AD 所受的力。

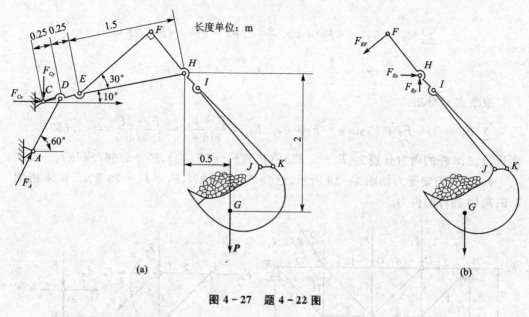

图 4-27 题 4-22 图

解:分析整体

$$\sum M_C = 0, \quad 0.25\sin 50° \cdot F_A - P(2\cos 10° + 0.5) = 0$$

$$F_A = \left(\frac{12.25 \times (2\cos 10° + 0.5)}{0.25\sin 50°}\right) \text{kN} = 158 \text{ kN}$$

AD 杆受的力为:$F_{AD} = F_A = 158$ kN(压力)

再分析 FHIJKG $\sum M_H = 0, \quad F_{EF} \times 1.5\sin 30° - 0.5P = 0$

$$F_{EF} = \left(\frac{0.5 \times 12.25}{1.5 \times 0.5}\right) \text{kN} = 8.167 \text{ kN}(拉力)$$

4-23 平面悬臂桁架所受的载荷如图 4-28 所示。求杆 1、2 和 3 的内力。

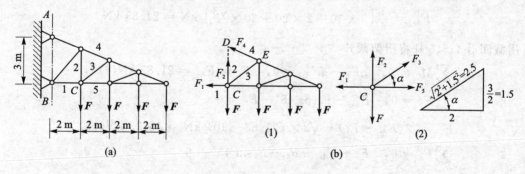

图 4-28 题 4-23 图

解:用截面将 1、2、4 杆截断,取桁架的右部分研究。

$$\sum M_D = 0, \quad -F_1 \times 6 \times \frac{3}{8} - 2F - 4F - 6F = 0$$

$$F_1 = \frac{4}{9} \times (-12F) = -\frac{16}{3}F = -5.333F$$

$$\sum M_E = 0, \quad -F_1 \times 4 \times \frac{3}{8} - 2F_2 - 2F - 4F + 2F = 0$$

$$F_2 = \frac{1}{2}\left(\frac{16}{3}F \times 4 \times \frac{3}{8} - 4F\right) = 2F$$

取节点 C 分析

$$\sum F_y = 0, \quad F_2 + F_3 \sin\alpha - F = 0, \quad F_3 = \frac{F - F_2}{\sin\alpha} = \frac{F - 2F}{1.5/2.5} = -1.667F$$

所以,1、2、3杆的内力分别为:$F_1 = 5.333F$(压),$F_2 = 2F$(拉),$F_3 = 1.667F$(压)。

4-24 桁架受力如图 4-29 所示,已知 $F_1 = 10 \text{ kN}, F_2 = F_3 = 20 \text{ kN}$。试求桁架 4、5、7、10 四杆的内力。

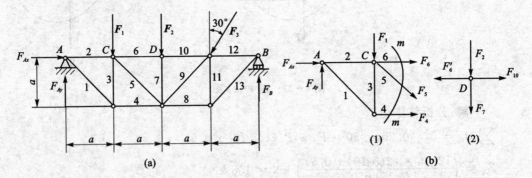

图 4-29 题 4-24 图

解:取整体分析

$$\sum F_x = 0, \quad F_{Ax} - F_3 \sin 30° = 0, \quad F_{Ax} = F_3 \sin 30° = 20 \times \frac{1}{2} = 10 \text{ kN}$$

$$\sum M_B = 0, \quad 3aF_1 + 2aF_2 + F_3 \cos 30° \cdot a - 4aF_{Ay} = 0$$

$$F_{Ay} = \frac{1}{4}\left(3 \times 10 + 2 \times 20 + 20 \times \frac{\sqrt{3}}{2}\right) \text{ kN} = 21.83 \text{ kN}$$

用截面沿 4、5、6 杆将桁架截开

$$\sum M_C = 0, \quad aF_4 - aF_{Ay} = 0, \quad F_4 = F_{Ay} = 21.83 \text{ kN}(拉),$$

$$\sum F_y = 0, \quad F_{Ay} - F_5 \cos 45° - F_1 = 0$$

$$F_5 = \sqrt{2}(F_{Ay} - F_1) = \sqrt{2} \times (21.83 - 10) \text{ kN} = 16.73 \text{ kN}(拉)$$

$$\sum F_x = 0, \quad F_6 + F_{Ax} + F_4 + F_5 \sin 45° = 0$$

$$F_6 = -\left(10 + 21.83 + 16.73 \times \frac{\sqrt{2}}{2}\right) \text{ kN} = -43.66 \text{ kN}(压)$$

取节点 D 分析

$$\sum F_x = 0, \quad F_{10} - F'_6 = 0, \quad F_{10} = F'_6 = -43.66 \text{ kN}(压)$$

$$\sum F_y = 0, \quad -F_2 - F_7 = 0, \quad F_7 = -F_2 = -20 \text{ kN}(压)$$

4-25 平面桁架的支座和载荷如图 4-30 所示，求杆 1、2 和 3 的内力。

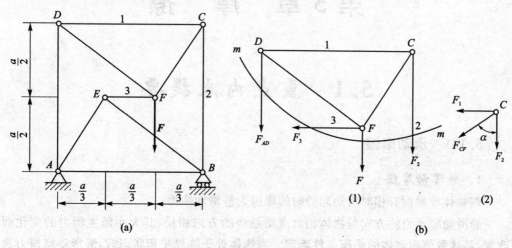

图 4-30 题 4-25 图

解： 用截面将桁架截开

$$\sum F_x = 0, \quad F_3 = 0$$

$$\sum M_D = 0, \quad -\frac{2}{3}aF - aF_2 = 0, \quad F_2 = -\frac{2}{3}F(压)$$

分析节点 C

$$\sum F_x = 0, \quad -F_1 - F_{CF}\sin\alpha = 0, \quad F_1 = -F_{CF}\sin\alpha$$

$$\sum F_y = 0, \quad -F_2 - F_{CF}\cos\alpha = 0, \quad F_2 = -F_{CF}\cos\alpha$$

$$\frac{F_1}{F_2} = \tan\alpha = \frac{\frac{1}{3}a}{\frac{1}{2}a} = \frac{2}{3}, \quad F_1 = \frac{2}{3}F_2 = \frac{2}{3}\times\left(-\frac{2}{3}\right)F = -\frac{4}{9}F(压)$$

第 5 章 摩 擦

5.1 重点内容提要

5.1.1 滑动摩擦

1. 静滑动摩擦

两物体接触面有相对滑动趋势时的摩擦为静滑动摩擦。

静滑动摩擦力的方向与物体相对滑动趋势的方向相反,其大小随主动力的变化而改变,具体数值由物体的平衡条件确定。当物体处于临界平衡状态时,静滑动摩擦力达到最大值,其值为

$$F_{\max} = f_s F_N$$

式中,f_s 为静摩擦因数。

2. 动滑动摩擦

两物体接触面有相对滑动时的摩擦为动滑动摩擦。

动滑动摩擦力的方向与物体相对滑动的速度方向相反,其大小与接触物体间的正压力成正比,即

$$F' = f F_N$$

式中,f 为动摩擦因数。

5.1.2 摩擦角和自锁现象

1. 摩擦角

当物体处于临界平衡状态时,全约束力与接触面法线的夹角称为摩擦角,其值 φ_f 与 f_s 之间的关系为

$$\tan \varphi_f = f_s$$

2. 自锁现象

当作用在物体上主动力的合力的作用线在摩擦角之内时,无论这个力怎样大,物体保持平衡;当主动力的合力的作用线在摩擦角之外时,无论这个力怎样小,物体也不能保持平衡。

这种与力的大小无关而与摩擦角有关的平衡条件称为自锁条件,物体在这种条件下的平衡现象称为自锁现象。

5.1.3 考虑摩擦时的平衡

(1) 画受力图时,要注意分析摩擦力。
(2) 除列平衡方程外,还需要列出摩擦关系式,即 $F_S \leqslant f_S F_N$。
(3) 由于静摩擦力的值有一定的范围,即 $0 \leqslant F_S \leqslant F_{max}$,因此物体的平衡具有一定的范围。

5.2 综合训练解析

5-1 重 P 的物体放在倾角为 α 的斜面上,物体与斜面间的摩擦角为 φ_f,如图 5-1 所示。如在物体上作用力 F,此力与斜面的夹角为 θ,求拉动物体时的 F 值,并问当角 θ 为何值时,此力为最小。

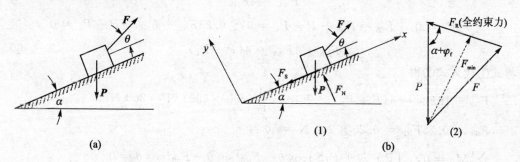

图 5-1 题 5-1 图

解: 当运动即将发生时 $F_S = f_S F_N = \tan \varphi_f \cdot F_N$,

$$\sum F_x = 0, \quad F\cos \theta - F_S - P\sin \alpha = 0 \quad \text{①}$$

$$\sum F_y = 0, \quad F\sin \theta + F_N - P\cos \alpha = 0 \quad \text{②}$$

由式②得 $F_N = P\cos \alpha - F\sin \theta$ 代入式①

$$F\cos \theta - (P\cos \alpha - F\sin \theta)\tan \varphi_f - P\sin \alpha = 0$$

$$F\cos \theta + F\sin \theta \cdot \tan \varphi_f - P\cos \alpha \cdot \tan \varphi_f - P\sin \alpha = 0$$

$$F = \frac{\cos \alpha \cdot \tan \varphi_f + \sin \alpha}{\cos \theta + \sin \theta \cdot \tan \varphi_f} P = \frac{\cos \alpha \cdot \sin \varphi_f + \sin \alpha \cdot \cos \varphi_f}{\cos \theta \cdot \cos \varphi_f + \sin \theta \cdot \sin \varphi_f} P = \frac{\sin(\alpha + \varphi_f)}{\cos(\theta - \varphi_f)} P$$

当 $\theta = \varphi_f$ 时,F 最小,即 $F_{min} = P\sin(\alpha + \varphi_f)$。

5-2 梯子 AB 靠在墙上,其重为 $P = 200$ N,如图 5-2 所示。梯长为 l,并与水平面夹角 $\theta = 60°$。已知接触面间的静摩擦因数均为 0.25。今有一重 650 N 的人沿梯上爬,问人所能到达的最高点 C 到 A 点的距离 S 应为多少?

解: 当人到达极点时

$$F_{SA} = f_S F_{NA} = 0.25 F_{NA} \quad F_{SB} = f_S F_{NB} = 0.25 F_{NB},$$

$$\sum F_x = 0, \quad F_{NB} - F_{SA} = 0, \quad F_{NB} = F_{SA} = 0.25 F_{NA}$$

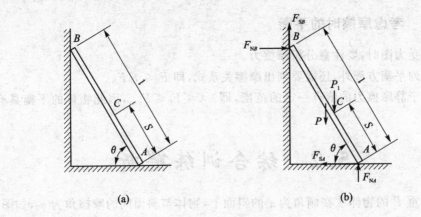

图 5-2 题 5-2 图

$$F_{NA} = 4F_{NB} \qquad ①$$

$$\sum F_y = 0, \quad F_{SB} + F_{NA} - P - P_1 = 0, \quad 0.25F_{NB} + F_{NA} - P - P_1 = 0$$

$$F_{NB} + 4F_{NA} = 4(P + P_1) \qquad ②$$

将式①代入式②得

$$F_{NB} + 16F_{NB} = 4(P + P_1), \quad F_{NB} = \frac{4}{17}(200 + 650)\ \text{N} = 200\ \text{N}$$

$$F_{SB} = 0.25 F_{NB} = 0.25 \times 200\ \text{N} = 50\ \text{N}$$

$$\sum M_A = 0, \quad \left(P \cdot \frac{l}{2} + P_1 S\right)\cos\theta - F_{NB} l \sin\theta - F_{SB} l \cos\theta = 0$$

$$S = \frac{F_{NB}\sin\theta + F_{SB}\cos\theta - \frac{1}{2}P\cos\theta}{P_1 \cos\theta} l =$$

$$\frac{200\ \text{N} \times \frac{\sqrt{3}}{2} + 50\ \text{N} \times \frac{1}{2} - \frac{1}{2} \times 200\ \text{N} \times \frac{1}{2}}{650\ \text{N} \times \frac{1}{2}} l = 0.456 l$$

5-3 如图 5-3 所示，A 物重 $P_A = 5\ \text{kN}$，B 物重 $P_B = 6\ \text{kN}$，A 物与 B 物间的静滑动摩擦因数 $f_{S1} = 0.1$；B 物与地面间的静滑动摩擦因数 $f_{S2} = 0.2$，两物块由绕过一定滑轮的无重水平绳相连。求使系统运动的水平力 F 的最小值。

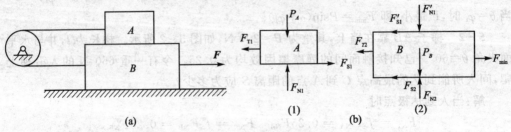

图 5-3 题 5-3 图

解：分析物块 A，临界状态时

$F_{S1} = f_{S1}F_{N1} = 0.1F_{N1}$

$\sum F_x = 0, \quad F_{S1} - F_{T1} = 0, \quad F_{T1} = F_{S1}$

$\sum F_y = 0, \quad F_{N1} - P_A = 0, \quad F_{N1} = P_A = 5 \text{ kN}$

$F_{S1} = 0.1 \times 5 \text{ kN} = 0.5 \text{ kN}, \quad F_{T1} = 0.5 \text{ kN}$

分析物块 B，临界状态时

$F_{S2} = f_{S2}F_{N2} = 0.2F_{N2}, \quad 且 F_{T2} = F_{T1} = 0.5 \text{ kN}$

$\sum F_y = 0, F_{N2} - F'_{N1} - P_B = 0$

$F_{N2} = F'_{N1} + P_B = (5+6) \text{ kN} = 11 \text{ kN}$

$F_{S2} = 0.2F_{N2} = 0.2 \times 11 \text{ kN} = 2.2 \text{ kN}$

$\sum F_x = 0, \quad F_{\min} - F_{T2} - F'_{S1} - F_{S2} = 0$

$F_{\min} = F_{T2} + F'_{S1} + F_{S2} = (0.5 + 0.5 + 2.2) \text{ kN} = 3.2 \text{ kN}$

5-4 如图 5-4 所示，置于 V 型槽中的棒料上作用一力偶，力偶的矩 $M=15$ N·m 时，刚好能转动此棒料。已知棒料重 $P=400$ N，直径 $D=0.25$ m，不计滚动摩阻。试求棒料与 V 形槽间的静摩擦因数 f_S。

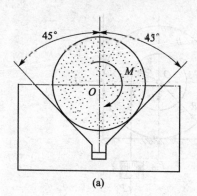
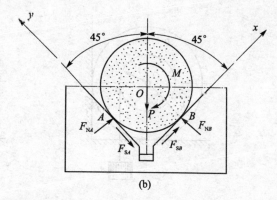

图 5-4 题 5-4 图

解：临界状态时 $\quad F_{SA} = f_S F_{NA}, \quad F_{SB} = f_S F_{NB}$

$\sum F_x = 0, \quad F_{NA} + F_{SB} - P\sin 45° = 0$

$\qquad F_{NA} + f_S F_{NB} - P\sin 45° = 0$ ①

$\sum F_y = 0, \quad F_{NB} - F_{SA} - P\cos 45° = 0$

$\qquad F_{NB} - f_S F_{NA} - P\cos 45° = 0$ ②

$\sum M_O = 0, \quad (F_{SA} + F_{SB})\dfrac{D}{2} - M = 0$

$\qquad f_S(F_{NA} + F_{NB})\dfrac{D}{2} - M = 0$ ③

由式 ① 得 $F_{NA} = P\sin 45° - f_S F_{NB}$，并代入式 ② 得

$$f_s^2 F_{NB} + F_{NB} = f_s P\sin 45° + P\cos 45°, \quad F_{NB} = \frac{1+f_s}{1+f_s^2} \cdot \frac{\sqrt{2}}{2} P$$

由式 ② 得 $F_{NB} = P\cos 45° + f_s F_{NA}$，并代入式 ① 得

$$F_{NA} + f_s^2 F_{NA} = P\sin 45° - f_s P\cos 45°, \quad F_{NA} = \frac{1-f_s}{1+f_s^2} \cdot \frac{\sqrt{2}}{2} P$$

将 F_{NA}、F_{NB} 代入式 ③ 得

$$f_s \left(\frac{2}{1+f_s^2}\right)\frac{\sqrt{2}}{2} P \frac{D}{2} - M = 0, \quad \frac{f_s}{1+f_s^2} = \frac{M}{\frac{\sqrt{2}}{2} PD} = \frac{15\sqrt{2} \text{ N}\cdot\text{m}}{400 \text{ N} \times 0.25 \text{ m}} = 0.212$$

$$0.212 f_s^2 - f_s + 0.212 = 0, \quad f_s = \frac{1 \pm \sqrt{1 - 4 \times 0.212 \times 0.212}}{2 \times 0.212} = \frac{1 \pm 0.905\,66}{0.424}$$

考虑工程实际，应取静摩擦因数为

$$f_s = \frac{1 - 0.905\,66}{0.424} = 0.222\,5$$

5-5 鼓轮 B 重 500 N，放在墙角里，如图 5-5 所示。已知鼓轮与水平地板间的摩擦因数为 0.25，而铅直墙壁则假定是绝对光滑的。鼓轮上的绳索下端挂着重物，设半径 $R=200$ mm，$r=100$ mm，求平衡时重物 A 的最大重量。

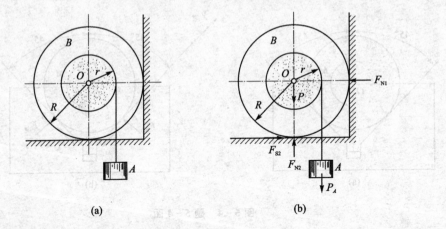

图 5-5 题 5-5 图

解：临界状态 $F_{S2} = f_s F_{N2} = 0.25 F_{N2}$

$$\sum F_y = 0, \quad F_{N2} - P - P_A = 0, \quad F_{N2} = P + P_A = 500 + P_A$$

$$\sum M_O = 0, \quad F_{S2} R - P_A r = 0, \quad 0.25(500 + P_A)R - P_A r = 0$$

$$0.25(500 + P_A) \times 200 - 100 P_A = 0, \quad P_A = 500 \text{ N}$$

所以，平衡时重物 A 的最大重量 $P_A = 500$ N。

5-6 两根相同的匀质杆 AB 和 BC，在端点 B 用光滑铰链连接，A、C 端放在不光滑的水平面上，如图 5-6 所示。当 ABC 成等边三角形时，系统在铅直面内处于临界平衡状态。试求杆端与水平面间的摩擦因数。

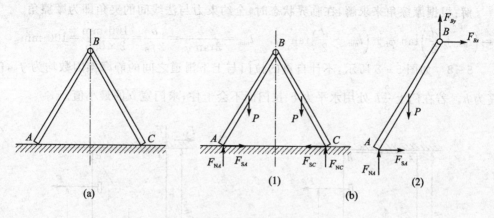

图 5-6 题 5-6 图

解：临界状态，且分析整体

$F_{NA}=F_{NC}=P$，　$F_{SA}=F_{SC}=f_s P$

分析 AB

$$\sum M_B = 0, \quad F_{SA}l\sin 60° + P \cdot \frac{l}{2}\cos 60° - F_{NA}l\cos 60° = 0$$

$$f_s Pl\sin 60° + \frac{1}{2}Pl\cos 60° - Pl\cos 60° = 0$$

$$\frac{\sqrt{3}}{2}f_s + \frac{1}{4} - \frac{1}{2} = 0, \quad f_s = \frac{\frac{1}{4}}{\sqrt{3}/2} = \frac{1}{2\sqrt{3}}$$

5-7 攀登电线杆的脚套钩如图 5-7 所示。设电线杆直径 $d=300$ mm，A、B 间的铅直距离 $b=100$ mm。若套钩与电线杆之间的摩擦因数 $f_s=0.5$，求人工操作时，为了安全，站在套钩上的最小距离 l 应为多大。

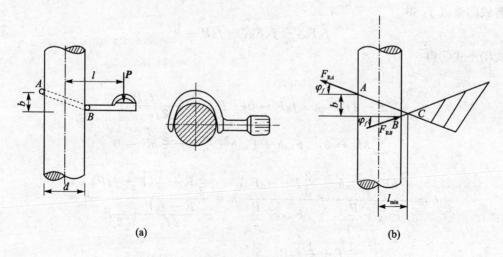

图 5-7 题 5-7 图

解:根据摩擦角来求解,在临界状态时,全约束力与法线间的夹角即为摩擦角。

$$b = \left(l_{\min} + \frac{d}{2}\right)\tan\varphi_f + \left(l_{\min} - \frac{d}{2}\right)\tan\varphi_f, \quad l_{\min} = \frac{b}{2\tan\varphi_f} = \frac{b}{2f_s} = \frac{100 \text{ mm}}{2 \times 0.5} = 100 \text{ mm}$$

5-8 如图 5-8 所示,不计自重的拉门与上下滑道之间的静摩擦因数均为 f_s,门高为 h。若在门上 $\frac{2}{3}h$ 处用水平力 F 拉门而不会卡住,求门宽 b 的最小值。

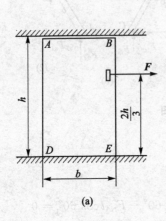
(a)

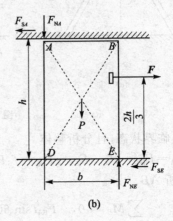
(b)

图 5-8 题 5-8 图

解:设门重 P,门即将滑动时

$$F_{SA} = f_s F_{NA}, \quad F_{SE} = f_s F_{NE}$$

$$\sum F_x = 0, \quad F - F_{SE} - F_{SA} = 0$$

$$F - f_s F_{NE} - f_s F_{NA} = 0 \quad \text{①}$$

$$\sum F_y = 0, \quad F_{NE} - F_{NA} - P = 0 \quad \text{②}$$

将式②乘以 f_s 得

$$f_s F_{NE} - f_s F_{NA} - f_s P = 0 \quad \text{③}$$

式①+式③得

$$F - 2f_s F_{NA} - f_s P = 0, \quad F_{NA} = \frac{F - f_s P}{2f_s}$$

$$\sum M_E = 0, \quad F_{SA} h + F_{NA} b + \frac{b}{2} P - \frac{2}{3} hF = 0$$

$$b = \frac{\frac{2}{3}hF - F_{SA}h}{F_{NA} + \frac{P}{2}} = \frac{\frac{2}{3}F - f_s F_{NA}}{F_{NA} + \frac{P}{2}}h = \frac{\frac{2}{3}F - \frac{1}{2}(F - f_s P)}{\frac{F - f_s P}{2f_s} + \frac{1}{2}P}h =$$

$$\frac{\frac{1}{6}F + \frac{1}{2}f_s P}{F} 2f_s h = \frac{1}{3}f_s h + \frac{f_s^2 hP}{F}$$

当不计门重时，$b_{\min} = \dfrac{1}{3}f_s h$。

5-9 如图 5-9 所示，轧压机由两轮构成，两轮的直径均为 $d=500$ mm，轮间的间隙为 $a=5$ mm，两轮反向转动，如图上箭头所示。已知烧红的铁板与铸铁轮间的摩擦因数为 $f_s = 0.1$，问能轧压的铁板的厚度 b 是多少？（提示：欲使机器工作，则铁板必须被两转轮带动，亦即作用在铁板 A、B 处的法向反作用力和摩擦力的合力必须水平向右。）

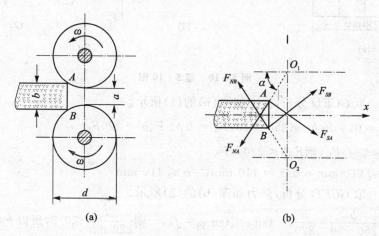

图 5-9 题 5-9 图

解：对铁板进行分析得 $F_{NA} = F_{NB} = F_N$，$F_{SA} = F_{SB} = F_S$

为轧压铁板，应有：$\sum F_x \geq 0$，且 $F_S \leq f_s F_N$

即 $2(F_S \sin \alpha - F_N \cos \alpha) \geq 0$，$\dfrac{F_S}{F_N} \geq \cot \alpha$，而 $\dfrac{F_S}{F_N} \leq f_s$，所以 $f_s \geq \cot \alpha$。

由几何关系

$$\sin \alpha = \dfrac{\dfrac{d}{2} - \left(\dfrac{b}{2} - \dfrac{a}{2}\right)}{d/2} = \dfrac{d-b+a}{d}, \quad \csc^2 \alpha = \dfrac{1}{\sin^2 \alpha} = 1 + \cot^2 \alpha$$

$$\left(\dfrac{d}{d-b+a}\right)^2 = 1 + \cot^2 \alpha$$

$$\cot \alpha = \sqrt{\left(\dfrac{d}{d-b+a}\right)^2 - 1}, \quad \sqrt{\left(\dfrac{d}{d-b+a}\right)^2 - 1} \leq f_s$$

代入数据后得

$$\left(\dfrac{500}{500-b+5}\right)^2 - 1 \leq 0.01, \quad \left(\dfrac{500}{505-b}\right)^2 \leq 1.01, \quad \dfrac{500}{505-b} \leq 1.004\,987\,562$$

$505 - b \geq 497.518\,595\,2$，所以，$b \leq 7.4814$ mm。

5-10 砖夹的宽度为 0.25 m，曲杆 AGB 与 $GCED$ 在 G 点铰接，尺寸如图 5-10(a)所示。设砖重 $P = 120$ N，提起砖的力 F 作用在砖夹的中心线上，砖夹与砖间的摩擦因数 $f_s = 0.5$。试求距离 b 为多大才能把砖夹起。

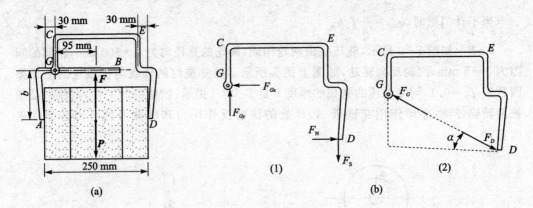

图 5-10 题 5-10 图

解法一 取 $GCED$ 分析,受力如图(b)的(1)所示。

$\sum M_G = 0$, $F_N b - (250-30)F_S = 0$, $F_N b = 220 F_S$

由于 $F_S \leq f_S F_N$,则 $F_N b \leq 220 f_S F_N$

因此 $b \leq 220 \text{ mm} \times 0.5 = 110 \text{ mm}$, $b \leq 110 \text{ mm}$

解法二 取 $GCED$ 分析,受力如图(b)的(2)所示。

$\tan \alpha = \dfrac{b}{250-30} = \dfrac{b}{220}$, $\tan \alpha \leq \tan \varphi_f = f_s$,则 $\dfrac{b}{220 \text{ mm}} \leq 0.5$,所以 $b \leq 110 \text{ mm}$。

5-11 机床上为了迅速装卸工件,常采用如图 5-11(a)所示的偏心夹具。已知偏心轮直径为 D,偏心轮与台面间的摩擦因数为 f_S,今欲使偏心轮手柄上的外力去掉后,偏心轮不会自动脱开,试问偏心距 e 应为多少?在临界状态时,O 点在水平线 AB 上。

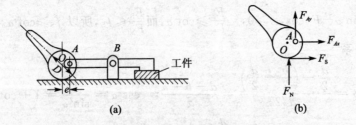

图 5-11 题 5-11 图

解:取偏心轮分析得

$\sum M_A = 0$, $F_S \dfrac{D}{2} - F_N e = 0$, $F_S = \dfrac{2e}{D} F_N$

因 $F_S \leq f_S F_N$,则 $\dfrac{2e}{D} F_N \leq f_S F_N$,所以 $e \leq \dfrac{1}{2} f_S D$。

5-12 如图 5-12 所示,汽车重 $P=15$ kN,车轮的直径为 600 mm,轮自重不计。问发动机应给予后轮多大的力偶矩,方能使前轮越过高为 80 mm 的阻碍物?并问此时后轮与地面的静摩擦因数应为多大才不至打滑?

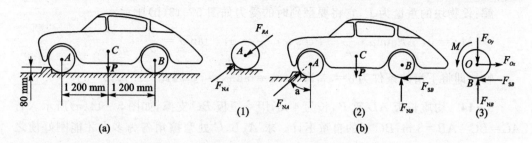

图 5 – 12 题 5 – 12 图

解：前轮若要越过障碍物，必须与地面脱离，故前轮为二力构件，取车的整体分析。

$$\cos\alpha = \frac{(300-80)\text{ mm}}{(300)\text{ mm}} = 0.733, \quad \sin\alpha = \sqrt{1-0.733^2} = 0.680$$

$\sum F_x = 0, \quad F_{NA}\sin\alpha - F_{SB} = 0$

$\sum F_y = 0, \quad F_{NA}\cos\alpha + F_{NB} - P = 0$

$\sum M_B = 0, \quad 1\,200P - F_{NA}\cos\alpha(2\,400+300\sin\alpha) - F_{NA}\sin\alpha \times 80 = 0$

$12P - F_{NA} \times 0.733(24+3\times0.68) - F_{NA}\times0.68\times0.8 = 0$

$F_{NA} = \dfrac{12\times15\text{ kN}}{19.087+0.544} = \dfrac{12\times15\text{ kN}}{19.631} = 9.169\text{ kN}$

$F_{SB} = F_{NA}\sin\alpha = 9.169\text{ kN}\times 0.680 = 6.234\,9\text{ kN}$

$F_{NB} = P - F_{NA}\cos\alpha = 15\text{ kN} - 9.169\text{ kN}\times0.733 = 8.28\text{ kN}$

为使后轮不打滑，应

$F_{SB} \leqslant f_s F_{NB}, \quad f_s \geqslant \dfrac{F_{SB}}{F_{NB}} = \dfrac{6.234\,9\text{ kN}}{8.28\text{ kN}} = 0.753$

设发动机给后轮的力偶矩为 M，则

$\sum M_O = 0, \quad M - F_{SB}\cdot R = 0, \quad M = F_{SB}R = 6.234\,9\text{ kN}\times 0.3\text{ m} = 1.87\text{ kN}\cdot\text{m}$

5 – 13 边长为 a 与 b 的均质物块放在斜面上（见图 5 – 13(a)），其间的摩擦因数为 0.4。当斜面倾角 α 逐渐增大时，物块在斜面上翻倒与滑动同时发生，求 a 与 b 的关系。

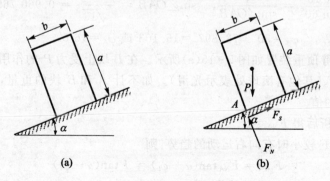

图 5 – 13 题 5 – 13 图

解：设物块的重量为 P，它将要翻到时的受力如图 5-13(b)所示。

$$\sum M_A = 0, \quad P\sin\alpha \cdot \frac{a}{2} - P\cos\alpha \cdot \frac{b}{2} = 0, \quad \tan\alpha = \frac{b}{a}$$

物块即将下滑的条件为 $\alpha = \varphi_f$，即 $\tan\alpha = \tan\varphi_f = f_s$，因此 $\frac{b}{a} = f_s, b = af_s = 0.4a$。

5-14 均质长板 AD 重 P，长为 4 m，用一短板 BC 支撑，如图 5-14(a)所示。若 $AC = BC = AB = 3$ m，BC 板的自重不计。求 A、B、C 处摩擦角各为多大才能刚好使之保持平衡。

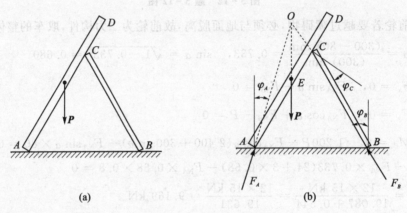

图 5-14 题 5-14 图

解：$\varphi_B = \varphi_C = 30°$，

在 $\triangle OCE$ 中，$\angle COE = \angle OEC = 30°$，$OC = CE = 1$ m，

在 $\triangle OAB$ 中，$AB = 3$ m，$OB = 4$ m，$\angle OBA = 60°$。

由余弦定理得

$$OA = \sqrt{3^2 + 4^2 - 2 \times 3 \times 4\cos 60°} = \sqrt{13}$$

由正弦定理得

$$\frac{\sqrt{13}}{\sin 60°} = \frac{4}{\sin\angle OAB}, \quad \sin\angle OAB = \frac{4 \times \frac{\sqrt{3}}{2}}{\sqrt{13}} = 0.960\,769$$

$\angle OAB = 73.897°$，$\varphi_A = 90° - 73.897° = 16.103°$ 或 $\varphi_A = 16°6'$。

5-15 尖劈顶重装置如图 5-15(a)所示。在 B 块上受力 P 的作用。A 与 B 块间的摩擦因数为 f_s（其他有滚珠处表示光滑）。如不计 A 和 B 块的重量，试求使系统保持平衡的力 F 的值。

解：整体分析后得 $F_{NA} = P$。

分析 A，当 F 较小时有向右运动的趋势，则

$$F_{\min} = F_{NA}\tan(\alpha - \varphi_f) = P\tan(\alpha - \varphi_f)$$

当 F 较大时有向左运动的趋势，则

$$F_{\max} = F_{NA}\tan(\alpha + \varphi_f) = P\tan(\alpha + \varphi_f)$$

使系统保持平衡的 F 值应为

$$P\tan(\alpha - \varphi_f) \leqslant F \leqslant P\tan(\alpha + \varphi_f)$$

$$\frac{\sin\alpha\cos\varphi_f - \cos\alpha\sin\varphi_f}{\cos\alpha\cos\varphi_f + \sin\alpha\sin\varphi_f}P \leqslant F \leqslant \frac{\sin\alpha\cos\varphi_f + \cos\alpha\sin\varphi_f}{\cos\alpha\cos\varphi_f - \sin\alpha\sin\varphi_f}P$$

$$\frac{\sin\alpha - f_s\cos\alpha}{\cos\alpha + f_s\sin\alpha}P \leqslant F \leqslant \frac{\sin\alpha + f_s\cos\alpha}{\cos\alpha - f_s\sin\alpha}P$$

各种状态受力图如图(b)所示。

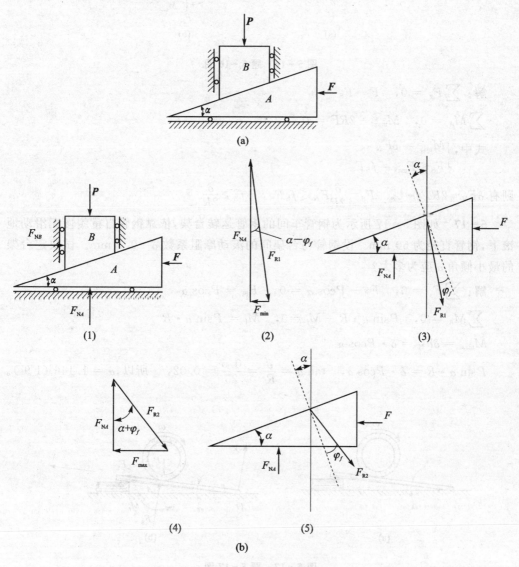

图 5-15 题 5-15 图

5-16 如图 5-16 所示,一轮半径为 R,在其铅直直径的上端 B 点作用水平力 F,轮与水平面间的滚阻系数为 δ。问水平力 F 使轮只滚动而不滑动时,轮与水平面的滑

动摩擦因数 f_s 需要满足什么条件?

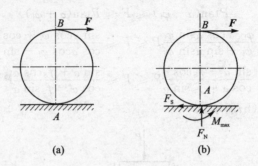

图 5-16 题 5-16 图

解：$\sum F_x = 0$，$F - F_s = 0$

$\sum M_A = 0$，$M_{max} - 2RF = 0$

式中，$\begin{cases} M_{max} = \delta F_N \\ F_s \leqslant F_{max} = f_s F_N \end{cases}$

则有 $\delta F_N - 2RF_s = 0$，$F_s = \dfrac{\delta}{2R} F_N \leqslant f_s F_N$，$f_s \geqslant \dfrac{\delta}{2R}$

5-17 如图 5-17 所示为钢管车间的钢管运转台架,依靠钢管自重缓慢无滑动地滚下,钢管直径为 50 mm。设钢管与台架间的滚动摩阻系数 $\delta = 0.5$ mm。试决定台架的最小倾角 α 应为多大?

解：$\sum F_y = 0$，$F_N - P\cos \alpha = 0$，$F_N = P\cos \alpha$

$\sum M_A = 0$，$P\sin \alpha \cdot R - M_f = 0$，$M_f = P\sin \alpha \cdot R$

$M_{max} = \delta F_N = \delta \cdot P\cos \alpha$

$P\sin \alpha \cdot R = \delta \cdot P\cos \alpha$，$\tan \alpha = \dfrac{\delta}{R} = \dfrac{0.5}{25} = 0.02$，所以，$\alpha = 1.146°(1°9')$。

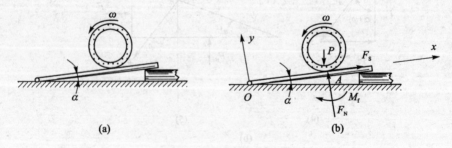

图 5-17 题 5-17 图

第6章 空间力系

6.1 重点内容提要

6.1.1 力在空间直角坐标轴上的投影

1. 直接投影法

力矢 F 与三坐标轴 x、y、z 正向的夹角为 α、β、γ，则

$$F_x = F\cos\alpha$$
$$F_y = F\cos\beta$$
$$F_z = F\cos\gamma$$

2. 二次投影法

当力矢 F 与坐标轴的夹角不易确定时，采用二次投影法计算力在三个坐标轴上的投影。先将力矢 F 投影到某一坐标平面内，再将其投影到坐标轴上。力在坐标轴上的投影是代数量，而力在平面上的投影则为矢量。

6.1.2 力对轴之矩

力对轴之矩用来度量力使物体绕轴转动效应的物理量，大小等于此力在垂直于该轴平面上的投影对于轴与平面交点之矩，其正负按右手法则确定。

6.1.3 空间力系的平衡方程

力系的类型	平衡方程	独立平衡方程个数
空间任意力系	$\sum F_x = 0, \sum F_y = 0, \sum F_z = 0$ $\sum M_x = 0, \sum M_y = 0, \sum M_z = 0$	6
空间平行力系	$\sum F_z = 0, \sum M_x = 0, \sum M_y = 0$	3
空间汇交力系	$\sum F_x = 0, \sum F_y = 0, \sum F_z = 0$	3

6.1.4 重 心

重心是物体重力的作用点，它在物体内的位置是不变的。根据合力矩定理求得重心坐标的一般公式为

$$\begin{cases} x_C = \dfrac{\sum P_i x_i}{\sum P_i} \\ y_C = \dfrac{\sum P_i y_i}{\sum P_i} \\ z_C = \dfrac{\sum P_i z_i}{\sum P_i} \end{cases}$$

上式是求物体重心的理论基础。

6.2 综合训练解析

6-1 已知力 F 的大小和方向如图 6-1 所示,求力 F 对 z 轴的矩(图 6-1(a)中的力 F 位于其过轮缘上作用点的切平面内,且与轮平面成 $\alpha=60°$;图(b)中的力 F 位于轮平面内与轮的法线成 $\beta=60°$)。

解:图(a)中:$M_z(F) = F\cos\alpha \cdot R = FR\cos 60° = \dfrac{1}{2}FR$

图(b)中:$M_z(F) = -F\sin\beta \cdot R = -FR\sin 60° = -\dfrac{\sqrt{3}}{2}FR$

6-2 作用于手柄端的力 $F=600$ N(见图 6-2),试计算力 F 在 x、y、z 轴上的投影及对 x、y、z 轴之矩。

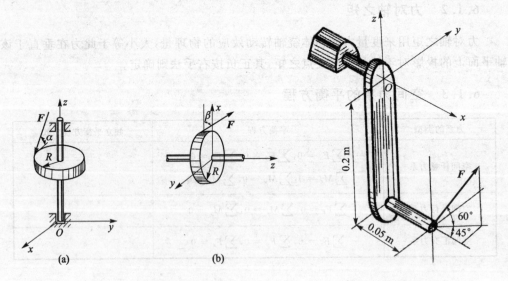

图 6-1 题 6-1 图   图 6-2 题 6-2 图

解:$F_x = F\cos 60°\cos 45° = 600\text{ N} \times \dfrac{1}{2} \times \dfrac{\sqrt{2}}{2} = 212\text{ N}$

$F_y = F\cos 60°\sin 45° = 600 \text{ N} \times \dfrac{1}{2} \times \dfrac{\sqrt{2}}{2} = 212 \text{ N}$

$F_z = F\sin 60° = 600 \text{ N} \times \dfrac{\sqrt{3}}{2} = 520 \text{ N}$

$M_x(F) = F_y \times 0.2 \text{ m} = 212 \text{ N} \times 0.2 \text{ m} = 42.4 \text{ N} \cdot \text{m}$

$M_y(F) = -F_z \times 0.05 \text{ m} - F_x \times 0.2 \text{ m} = -520 \text{ N} \times 0.05 \text{ m} - 212 \text{ N} \times 0.2 \text{ m} = -68.4 \text{ N} \cdot \text{m}$

$M_z(F) = F_y \times 0.05 \text{ m} = 212 \text{ N} \times 0.05 \text{ m} = 10.6 \text{ N} \cdot \text{m}$

6-3 如图 6-3(a)所示三脚架的三只脚 AD、BD、CD 各与水平面成 60°角,且 $AB=BC=AC$,绳索绕过 D 处的滑轮由卷扬机 E 牵引将重物 P 吊起。卷扬机位于 $\angle ACB$ 的等分线上,且 DE 线与水平面成 60°。当 $P=30$ kN 的重物被等速地提升时,求各脚所受的力。

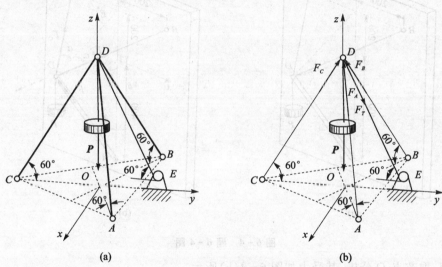

图 6-3 题 6-3 图

解:取节点 D 分析,其受力如图 6-3(b)所示。

$\sum F_x = 0$, $-F_A\cos 60°\sin 60° + F_B\cos 60°\sin 60° = 0$

$$F_A = F_B \quad ①$$

$\sum F_y = 0$, $-F_A\cos 60°\cos 60° - F_B\cos 60°\cos 60° + F_C\cos 60° + F_T\cos 60° = 0$

其中 $F_T = P = 30$ kN,代入上式得 $-\dfrac{1}{2}F_A - \dfrac{1}{2}F_B + F_C + P = 0$

$$F_A + F_B - 2F_C = 60 \quad ②$$

$\sum F_z = 0$, $F_A\sin 60° + F_B\sin 60° + F_C\sin 60° - P - F_T\sin 60° = 0$

$$F_A + F_B + F_C = F_T + \dfrac{P}{\sin 60°} = 30 + \dfrac{30}{\sqrt{3}/2}$$

$$F_A + F_B + F_C = 64.6 \qquad ③$$

式③-式②得 $3F_C = 4.6$, $F_C = 1.53$ kN

$$F_A = F_B = \left(\frac{64.6 - 1.53}{2}\right) \text{kN} = 31.5 \text{ kN}$$

所以，三脚架 AD、BD、CD 受的力分别为

$$F_A = F_B = 31.5 \text{ kN}(压力), \quad F_C = 1.53 \text{ kN}(压力)$$

6-4 重物 $P=10$ kN，由撑杆 AD 及链条 BD 和 CD 所支持。杆的 A 端以铰链固定，又 A、B 和 C 三点在同一铅垂墙上，尺寸如图 6-4(a)所示。求撑杆 AD 和链条 BD、CD 所受的力（注：OD 垂直于墙面，$OD=20$ cm）。

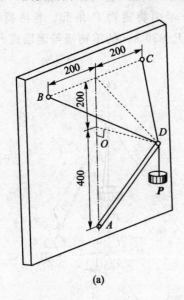
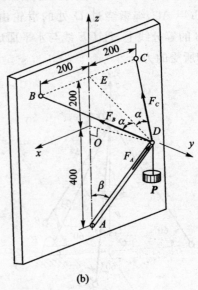

图 6-4　题 6-4 图

解：取节点 D 分析，其受力如图 6-4(b)所示。

$$DE = \sqrt{200^2 + 200^2} = 200\sqrt{2}, \quad BD = \sqrt{200^2 + 200^2 \times 2} = 200\sqrt{3}$$

$$AD = \sqrt{400^2 + 200^2} = 200\sqrt{5}, \quad \cos\alpha = \frac{200\sqrt{2}}{200\sqrt{3}} = \frac{\sqrt{6}}{3} = 0.8165$$

$$\sin\beta = \frac{200}{200\sqrt{5}} = \frac{\sqrt{5}}{5} = 0.4472, \quad \cos\beta = \frac{400}{200\sqrt{5}} = \frac{2\sqrt{5}}{5} = 0.8944$$

$\sum F_x = 0, \quad F_B \sin\alpha - F_C \sin\alpha = 0, \quad F_B = F_C$

$\sum F_y = 0, \quad -F_B \cos\alpha \cos 45° - F_C \cos\alpha \cos 45° + F_A \sin\beta = 0$

$\sum F_z = 0, \quad F_B \cos\alpha \sin 45° + F_C \cos\alpha \sin 45° + F_A \cos\beta - P = 0$

$$\begin{cases} -0.5773 F_B - 0.5773 F_C + 0.4472 F_A = 0 \\ 0.5773 F_B + 0.5773 F_C + 0.8944 F_A - 10 = 0 \end{cases}$$

$$1.3416 F_A = 10, \quad F_A = 7.45 \text{ kN}, \quad F_B = F_C = \frac{0.4472 \times 7.45}{2 \times 0.5773} = 2.89 \text{ kN}$$

所以,撑杆 AD 所受的力
$$F_{AD} = 7.45 \text{ kN}(压力)$$
链条 BD 和 CD 所受的力
$$F_{BD} = F_{CD} = 2.89 \text{ kN}(拉力)$$

6-5 如图 6-5 所示,固结在 AB 轴上的三个圆轮,半径各为 r_1、r_2、r_3;水平和铅垂作用力的大小 $F_1 = F_1'$、$F_2 = F_2'$ 为已知,求平衡时 F_3 和 F_3' 两力的大小。

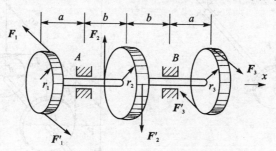

图 6-5 题 6-5 图

解:$\sum M_x = 0$, $-F_1 \cdot 2r_1 + F_2 \cdot 2r_2 + F_3 \cdot 2r_3 = 0$

$$F_3 = \frac{F_1 r_1 - F_2 r_2}{r_3}, \quad F_3' = F_3 = \frac{F_1 r_1 - F_2 r_2}{r_3}$$

6-6 平行力系由五个力组成,各力方向如图 6-6 所示。已知:$F_1 = 150$ N,$F_2 = 100$ N,$F_3 = 200$ N,$F_4 = 150$ N,$F_5 = 100$ N。图中坐标的单位为 cm。求平行力系的合力。

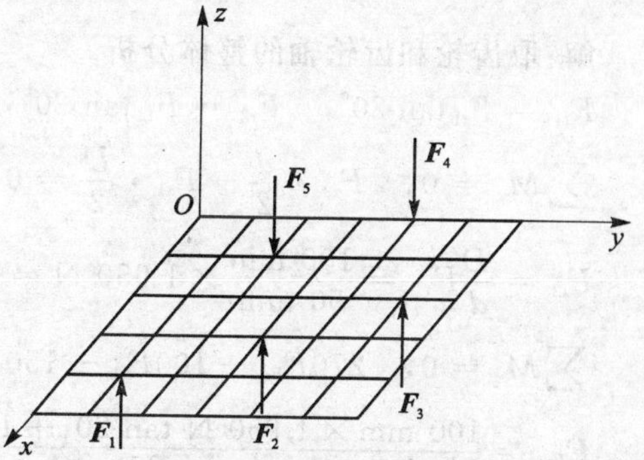

解:合力的大小 $F_R = F_1 + F_2 + F_3 - F_4 - F_5 = (150 + 100 + 200 - 150 - 100)$N $= 200$ N,其方向沿 z 轴正向。

设合力 F_R 的作用点为 (x_C, y_C, z_C),由合力投影定理得

图 6-6 题 6-6 图

$-F_R x_C = -4F_1 - 3F_2 - 2F_3 + 1F_5$

$$x_C = \frac{4 \text{ cm} \times 150 \text{ N} + 3 \text{ cm} \times 100 \text{ N} + 2 \text{ cm} \times 200 \text{ N} - 1 \text{ cm} \times 100 \text{ N}}{200 \text{ N}} = 6 \text{ cm}$$

$F_R y_C = 1F_1 + 3F_2 + 5F_3 - 2F_5 - 4F_4$

$$y_C = \frac{1 \text{ cm} \times 150 \text{ N} + 3 \text{ cm} \times 100 \text{ N} + 5 \text{ cm} \times 200 \text{ N} - 2 \text{ cm} \times 100 \text{ N} - 4 \text{ cm} \times 150 \text{ N}}{200 N} = 3.25 \text{ cm}$$

所以,合力作用点的坐标为 (6, 3.25, 0)。

6-7 有一齿轮传动轴如图 6-7(a)所示。大齿轮的节圆直径 $D = 100$ mm,小齿轮的节圆直径 $d = 50$ mm。如两齿轮都是直齿,压力角均为 $\alpha = 20°$,已知作用在大齿轮

上的圆周力 $F_{t1}=1\ 950$ N,试求传动轴作匀速转动时,小齿轮所受的圆周力 F_{t2} 的大小及两轴承的约束力。

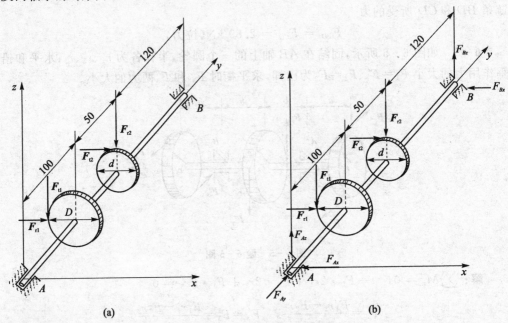

图 6-7　题 6-7 图

解: 取齿轮和齿轮轴的整体分析

$F_{r1} = F_{t1}\tan 20°,\quad F_{r2} = F_{t2}\tan 20°$

$\sum M_y = 0,\quad F_{t2}\cdot\dfrac{d}{2} - F_{t1}\cdot\dfrac{D}{2} = 0$

$F_{t2} = \dfrac{D}{d}F_{t1} = \dfrac{100\ \text{mm}}{50\ \text{mm}} \times 1\ 950\ \text{N} = 3\ 900\ \text{N}$

$\sum M_z = 0,\quad 270F_{Bx} - 100F_{r1} - 150F_{t2} = 0$

$F_{Bx} = \dfrac{100\ \text{mm}\times 1\ 950\ \text{N}\tan 20° + 150\ \text{mm}\times 3\ 900\ \text{N}}{270\ \text{mm}} = 2\ 430\ \text{N}$

$\sum M_x = 0,\quad 270F_{Bz} - 100F_{t1} - 150F_{r2} = 0,$

$F_{Bz} = \dfrac{100\ \text{mm}\times 1\ 950\ \text{N} + 150\ \text{mm}\times 3\ 900\ \text{N}\tan 20°}{270\ \text{mm}} = 1\ 510\ \text{N}$

$\sum F_x = 0,\quad F_{r1} + F_{t2} - F_{Ax} - F_{Bx} = 0$

$F_{Ax} = F_{r1} + F_{t2} - F_{Bx} = 1\ 950\ \text{N}\tan 20° + 3\ 900\ \text{N} - 2\ 430\ \text{N} = 2\ 180\ \text{N}$

$\sum F_y = 0,\quad F_{Ay} = 0$

$\sum F_z = 0,\quad F_{Az} + F_{Bz} - F_{t1} - F_{r2} = 0$

$F_{Az} = F_{t1} + F_{r2} - F_{Bz} = 1\ 950\ \text{N} + 3\ 900\ \text{N}\tan 20° - 1\ 510\ \text{N} = 1\ 860\ \text{N}$

6-8 传动轴如图 6-8(a)所示。传送带轮直径 $D=400$ mm,传送带拉力 $F_1=$

$2\ 000\ \mathrm{N}, F_2 = 1\ 000\ \mathrm{N}$,传送带拉力与水平线夹角为 $15°$;圆柱直齿轮的节圆直径 $d = 200\ \mathrm{mm}$,齿轮压力 F_N 与铅垂线成 $20°$ 角。试求轴承的约束力和齿轮压力 F_N。

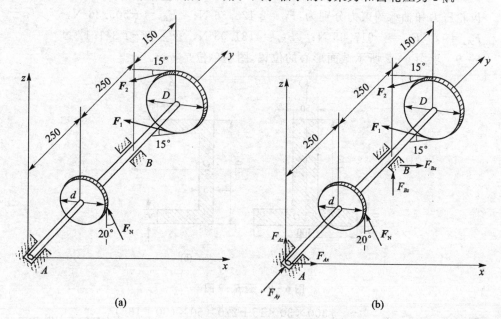

图 6-8 题 6-8 图

解:取轮及轴整体分析

$\sum M_y = 0$, $-F_\mathrm{N} \cos 20° \cdot \dfrac{d}{2} + (F_1 - F_2) \cdot \dfrac{D}{2} = 0$

$F_\mathrm{N} = \dfrac{(F_1 - F_2)D}{d \cos 20°} = \dfrac{(2\ 000 - 1\ 000)\ \mathrm{N} \times 400\ \mathrm{mm}}{200\ \mathrm{mm}\ \cos 20°} = 2\ 128.36\ \mathrm{N}$

$\sum M_z = 0$, $250 F_\mathrm{N} \sin 20° + 650(F_1 + F_2) \cos 15° - 500 F_{Bx} = 0$

$F_{Bx} = \dfrac{250\ \mathrm{mm} \times 2\ 128.36\ \mathrm{N}\ \sin 20° + 650\ \mathrm{mm} \times (2\ 000 + 1\ 000)\ \mathrm{N}\ \cos 15°}{500\ \mathrm{mm}} =$

$4\ 131.08\ \mathrm{N}$

$\sum M_x = 0$, $250 F_\mathrm{N} \cos 20° + 650(F_1 - F_2) \sin 15° + 500 F_{Bz} = 0$

$F_{Bz} = -\dfrac{250\ \mathrm{mm} \times 2\ 128.36\ \mathrm{N}\ \cos 20° + 650\ \mathrm{mm} \times (2\ 000 - 1\ 000)\ \mathrm{N} \sin 15°}{500\ \mathrm{mm}} =$

$-1\ 341.17\ \mathrm{N}$

$\sum F_x = 0$, $F_{Ax} - F_\mathrm{N} \sin 20° - (F_1 + F_2) \cos 15° + F_{Bx} = 0$

$F_{Ax} = F_\mathrm{N} \sin 20° + (F_1 + F_2) \cos 15° - F_{Bx} =$

$2\ 128.36\ \mathrm{N}\ \sin 20° + (2\ 000 + 1\ 000)\ \mathrm{N}\ \cos 15° - 4\ 131.08\ \mathrm{N} = -505.36\ \mathrm{N}$

$\sum F_y = 0$, $F_{Ay} = 0$

$\sum F_z = 0$, $F_{Az} + F_\mathrm{N} \cos 20° + (F_1 - F_2) \sin 15° + F_{Bz} = 0$

$F_{Az} = -F_N \cos 20° - (F_1 - F_2) \sin 15° - F_{Bz} =$
$-2\,128.36 \text{ N} \cos 20° - (2\,000 - 1\,000) \text{N} \sin 15° - (-1\,341.17) \text{ N} = -917.65 \text{ N}$
齿轮压力和轴承约束力分别为：$F_N = 2\,128.36$ N； $F_{Ax} = -505.36$ N，
$F_{Ay} = 0$， $F_{Az} = -917.65$ N； $F_{Bx} = 4131.08$ N， $F_{Bz} = -1\,341.17$ N

6-9 求图 6-9 所示截面形心的位置，图中单位是 mm。

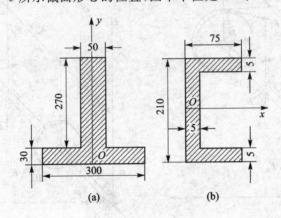

图 6-9 题 6-9 图

解：(a)： $x_C = 0$， $y_C = \left(\dfrac{300 \times 30 \times 15 + 270 \times 50 \times (30 + 135)}{300 \times 30 + 270 \times 50} \right)$ mm = 105 mm

(b)： $y_C = 0$， $x_C = \left(\dfrac{210 \times 75 \times 37.5 - 70 \times 200 \times (5 + 35)}{210 \times 75 - 70 \times 200} \right)$ mm = 17.5 mm

6-10 某单柱冲床床身截面 $m-m$ 如图 6-10 所示，试求该截面形心的位置，图中单位为 mm。

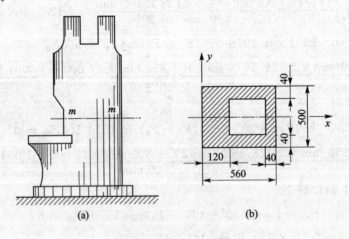

图 6-10 题 6-10 图

解： $y_C = 0$， $x_C = \left(\dfrac{560 \times 500 \times 280 - 400 \times 420 \times (120 + 200)}{560 \times 500 - 400 \times 420} \right)$ mm = 220 mm

6-11 斜井提升中，使用的箕斗侧板的几何尺寸如图 6-11 所示，图中单位为

mm,试求其重心。

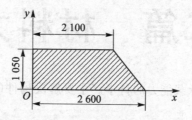

图 6-11 题 6-11 图

解: $x_C = \left[\dfrac{2\,100 \times 1\,050 \times 1050 + \dfrac{1}{2} \times 1\,050 \times 500 \times \left(2\,100 + \dfrac{1}{3} \times 500\right)}{2\,100 \times 1\,050 + \dfrac{1}{2} \times 1\,050 \times 500} \right]$ mm =

1 179.4 mm

$y_C = \left[\dfrac{2\,100 \times 1\,050 \times \dfrac{1}{2} \times 1\,050 + \dfrac{1}{2} \times 500 \times 1\,050 \times \dfrac{1}{3} \times 1\,050}{2\,100 \times 1\,050 + \dfrac{1}{2} \times 1\,050 \times 500} \right]$ mm = 506.4 mm

6-12 如图 6-12 所示为一半径 $R = 10$ cm 的均质薄圆板。在距圆心为 $a = 4$ cm 处有一半径 $r = 3$ cm 的小孔。试计算此薄圆板的重心位置。

解: $x_C = \dfrac{\pi R^2 \cdot R - \pi r^2 (R+a)}{\pi R^2 - \pi r^2} = \left(\dfrac{10^3 - 3^2 \times (10+4)}{10^2 - 3^2} \right)$ cm = 9.6 cm

6-13 如图 6-13 所示,为了测汽车的重心位置,可将汽车驶到秤上,秤得汽车总重的大小为 P,再将后轮驶到地秤上,秤得后轮的压力 F_N,即可求得重心的位置。今已知 $P = 34.3$ kN,$F_N = 19.6$ kN,前后两轮之间的距离 $l = 3.1$ m。试求重心 C 到后轴的距离 b。

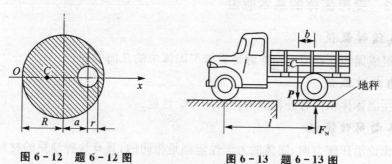

图 6-12 题 6-12 图   图 6-13 题 6-13 图

解:取前轮与平台的接触点为简化中心。

$F_N l - P(l-b) = 0, \quad b = \dfrac{P - F_N}{P} l = \left(\dfrac{34.3 - 19.6}{34.3} \times 3.1 \right)$ m = 1.33 m

第二篇 材料力学

材料力学是研究构件承载能力的科学。主要解决构件的强度问题、刚度问题和稳定性问题。

第 7 章 材料力学的基本概念

7.1 重点内容提要

7.1.1 材料力学的任务

1. 构件正常工作的条件

为保证构件正常工作,构件应满足强度、刚度和稳定性的要求。即在外力作用下,要求构件不发生破坏,弹性变形在工程允许的范围内,且维持原有的直线平衡状态。

2. 材料力学的任务

材料力学的任务就是在满足强度、刚度和稳定性要求的前提下,以最经济的代价,为构件确定合理的截面形状和尺寸、选择合适的材料提供必要的理论基础和计算方法。

7.1.2 变形固体的基本假设

1. 连续性假设

认为组成固体的物质不留空隙地充满了固体中的几何空间。

2. 均匀性假设

认为在固体体积内各处都具有相同的力学性能。

3. 各向同性假设

认为无论沿任何方向,固体的力学性能都是相同的,具有这种性质的材料称为各向同性材料。

沿不同方向力学性能不同的材料称为各向异性材料。

7.1.3 内力、截面法和应力的概念

1. 内 力

物体内部各部分之间因外力而引起的附加相互作用力称为材料力学的内力。

内力随外力的增加而加大,到达某一限度时就会引起构件的破坏,因而它与构件的强度密切相关。

2. 截面法

截面法是分析构件内力的基本方法,它贯穿于材料力学部分的始终。该方法是用假想截面把构件分为两部分,以显示并确定内力的方法。

3. 应 力

应力是度量截面上分布内力集中程度的物理量,即内力的分布集度,以单位面积上的内力来衡量。通常将应力分解为两个应力分量,垂直于截面的分量称为正应力,用符号 σ 表示;与截面相切的分量称为切应力,用符号 τ 表示。常用的应力单位为兆帕(MPa)。

7.1.4 杆件变形的基本形式

纵向尺寸远大于横向尺寸的构件称为杆件,杆件受力后产生的变形有四种基本形式:轴向拉伸或压缩、剪切、扭转和弯曲。

若构件受力后同时产生两种或两种以上的基本变形称为组合变形。

7.2 综合训练解析

7-1 如图 7-1 所示为圆截面杆,两端承受一对转向相反、力偶矩矢量沿轴线且大小均为 M_e 的力偶作用。试问在杆件的任一截面 $m-m$ 上存在何种内力,并确定其大小。

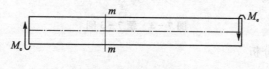

图 7-1 题 7-1 图

解:内力为力偶,其力偶矩称为扭矩

$$T_{m-m} = M_e$$

7-2 试求图 7-2 所示结构 $m-m$ 和 $n-n$ 两截面上的内力,并指出 AB 和 BC 两杆的变形属于何类基本变形。

解:取 AB 分析

$$\sum M_A = 0, \quad 3\text{ m} \cdot F_{BC} - 2\text{ m} \times 3\text{ kN} = 0, \quad F_{BC} = 2\text{ kN}$$

$$\sum F_x = 0, \quad F_{Ax} = 0$$

$$\sum F_y = 0, \quad F_{Ay} + F_{BC} - 3\text{ kN} = 0$$

$$F_{Ay} = (3-2)\text{ kN} = 1\text{ kN}$$

AB 杆是弯曲变形,$m-m$ 截面上的内力为:

剪力 $F_Q=1$ kN,弯矩 $M=1$ kN×1 m=1 kN·m。

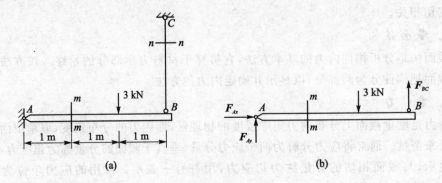

图 7-2 题 7-2 图

BC 杆是轴向拉伸,$n-n$ 截面上的内力为:轴力 $F_N=F_{BC}=2$ kN。

7-3 在图 7-3 所示的简易吊车的横梁上,力 F 可以左右移动。试求截面 1-1 和 2-2 上的内力及其最大值。

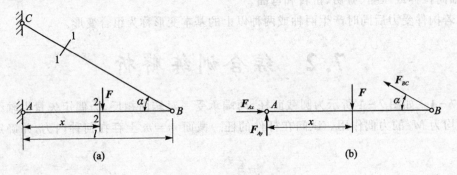

图 7-3 题 7-3 图

解:取横梁 AB 分析

$$\sum M_A = 0, \quad F_{BC} = \frac{x}{l\sin\alpha}F$$

$$\sum F_x = 0, \quad F_{Ax} = \frac{x\cot\alpha}{l}F$$

$$\sum F_y = 0, \quad F_{Ay} = \frac{l-x}{l}F$$

1-1 截面上的内力为轴力,其大小分别是

$$F_{N1} = F_{BC} = \frac{x}{l\sin\alpha}F, \quad F_{N1,\max} = \frac{F}{\sin\alpha}$$

2-2 截面上内力有轴力、剪力、弯矩,其大小分别是

$$F_{N2}=-\frac{x\cot\alpha}{l}F, \quad F_{N2,\max}=-F\cot\alpha; \quad F_{Q2}=\frac{l-x}{l}F, \quad F_{Q2,\max}=F$$

$$M_2 = F_{Ay}\times x = \frac{(l-x)x}{l}F = \frac{F}{l}(-x^2+xl)$$

令 $\dfrac{dM_2}{dx} = (-2x+l)\dfrac{F}{l} = 0$

$$x = \dfrac{1}{2}l, \quad M_{2,\max} = \dfrac{F}{l}\left(-\dfrac{1}{4}l^2 + \dfrac{1}{2}l^2\right) = \dfrac{1}{4}Fl$$

7-4 图7-4所示为矩形截面杆,横截面上的正应力沿截面高度线性分布,截面顶边各点处的正应力均为 $\sigma_{\max} = 100$ MPa,底边各点处的正应力均为零,图中的 C 点为截面形心。试问杆件横截面上存在何种内力分量,并确定其大小。

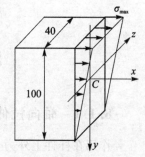

图7-4 题7-4图

解:横截面上有轴力和弯矩,分别是

轴力为正,且 $F_N = (50 \times 100 \times 40)$ N $= 200\,000$ N $= 200$ kN

弯矩为负,且最大弯曲正应力为 50 MPa。

由 $\sigma_{\max} = \dfrac{M}{W} = \dfrac{M}{\dfrac{1}{6}bh^2}$

可得: $M = \left(\dfrac{1}{6} \times 40 \times 100^2 \times 50\right)$ N·mm $= \dfrac{20}{6} \times 10^6$ N·mm $= 3.33$ kN·m。

第8章 轴向拉伸和压缩

8.1 重点内容提要

8.1.1 轴向拉伸或压缩的概念

作用在杆件上外力合力的作用线与杆件的轴线重合,杆件的变形是沿轴线方向的伸长或缩短,这种变形形式称为轴向拉伸或压缩。

8.1.2 轴向拉、压杆件横截面上的内力和应力

1. 横截面上的内力

轴向拉、压时,杆件横截面上内力合力的作用线与杆件的轴线重合,称为轴力,用符号 F_N 表示。规定:拉力为正、压力为负。

2. 横截面上的应力

轴向拉、压杆件横截面上的应力与截面垂直,且均匀分布,其计算公式为

$$\sigma = \frac{F_N}{A}$$

8.1.3 轴向拉、压杆件的变形计算

1. 纵向变形(轴向变形)

材料在线弹性范围内,应力与应变成正比,即

$$\sigma = E\varepsilon$$

杆件的变形与轴力和杆长成正比,与 EA 成反比,即

$$\Delta l = \frac{F_N l}{EA}$$

式中,E 为材料的弹性模量;EA 为杆件的抗拉、压刚度。

2. 横向变形

在线弹性范围内,横向应变与纵向应变比值的绝对值是一个常数,用符号 μ 表示,即

$$\mu = \left|\frac{\varepsilon'}{\varepsilon}\right| \quad \text{或} \quad \varepsilon' = -\mu\varepsilon$$

式中,μ 称为横向变形系数或泊松比。

8.1.4 材料的力学性能

所谓材料的力学性能,是指材料在外力作用下表现出的变形与破坏的特征,是由实验测定出来的。

1. 两个强度指标

$\sigma_s(\sigma_{0.2})$为屈服极限;$\sigma_b(\sigma_c)$为强度极限。

2. 两个塑性指标

延伸率或伸长率:$\delta = \dfrac{l_1 - l}{l} \times 100\%$;断面收缩率:$\psi = \dfrac{A - A_1}{A} \times 100\%$;塑性材料$\delta > 5\%$,脆性材料$\delta < 5\%$。

8.1.5 轴向拉、压杆件的强度条件

为了保证构件安全可靠地工作,必须使构件的最大工作应力不超过材料的许用应力,即

$$\sigma_{\max} \leqslant [\sigma]$$

1. 等截面杆

$\sigma_{\max}$发生在轴力最大的截面上,此截面为危险截面,其强度条件为

$$\sigma_{\max} = \dfrac{F_{N,\max}}{A} \leqslant [\sigma]$$

2. 变截面杆

综合考虑轴力和横截面面积来确定最大应力的位置,其强度条件为

$$\sigma_{\max} = \left(\dfrac{F_N}{A}\right)_{\max} \leqslant [\sigma]$$

利用强度条件,可以解决工程实际中有关构件强度的三方面问题:校核构件的强度、设计构件的截面尺寸、确定许可载荷。此三方面的应用统称为强度计算。

8.1.6 轴向拉、压的静不定问题

分析静不定问题需要考虑三方面的关系:静力平衡关系、变形几何关系和变形与力之间的物理关系。

8.2 综合训练解析

8-1 试求图8-1所示各杆1-1、2-2、3-3截面上的轴力。

解: (a):$F_{N1} = 50$ kN, $F_{N2} = 10$ kN, $F_{N3} = -20$ kN;

(b):$F_{N1} = F$, $F_{N2} = 0$, $F_{N3} = F$;

(c):$F_{N1} = 0$, $F_{N2} = 4F$, $F_{N3} = 3F$。

8-2 图8-2所示阶梯形圆截面杆AC,承受轴向载荷$F_1 = 200$ kN与$F_2 =$

$100\ kN$,AB 段的直径 $d_1=40\ mm$。欲使 BC 与 AB 段的正应力相同,试求 BC 段的直径。

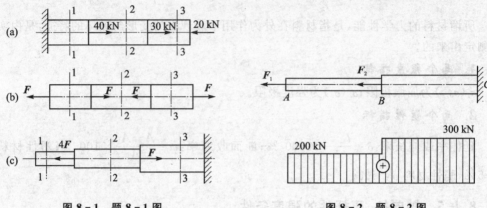

图 8-1 题 8-1 图   图 8-2 题 8-2 图

解:AB 段各截面上的轴力 $F_{N1}=200\ kN$,应力 $\sigma_1=\dfrac{F_{N1}}{A_1}=\dfrac{200\times10^3\ N}{\dfrac{1}{4}\pi(40)^2\ mm^2}$

BC 段各截面上的轴力 $F_{N2}=300\ kN$,应力 $\sigma_2=\dfrac{F_{N2}}{A_2}=\dfrac{300\times10^3\ N}{\dfrac{1}{4}\pi d_2^2}$

若使 $\sigma_1=\sigma_2$,则 $\dfrac{200\times10^3\ N}{\dfrac{1}{4}\pi(40)^2\ mm^2}=\dfrac{300\times10^3\ N}{\dfrac{1}{4}\pi d_2^2}$

$d_2=40\times\dfrac{\sqrt{6}}{2}=49\ mm$,则 BC 段的直径 $d_2=49\ mm$。

8-3 变截面直杆如图 8-3 所示。已知 $A_1=4\ cm^2$,$A_2=8\ cm^2$,$E=200\ GPa$。求杆的总伸长 Δl。

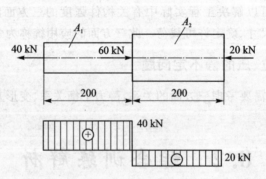

图 8-3 题 8-3 图

解:$F_{N1}=40\ kN$, $F_{N2}=-20\ kN$

$\Delta l=\dfrac{F_{N1}l_1}{EA_1}+\dfrac{F_{N2}l_2}{EA_2}=\left(\dfrac{40\times10^3\times200}{200\times10^3\times4\times10^2}-\dfrac{20\times10^3\times200}{200\times10^3\times8\times10^2}\right)mm=$

$\left(\dfrac{1}{10}-\dfrac{1}{40}\right)mm=0.075\ mm$

8-4 一长为 30 cm 的钢杆,其受力情况如图 8-4 所示。已知杆横截面面积 $A=10$ cm^2,材料的弹性模量 $E=200$ GPa,试求:

(1) AC、CD、DB 各段的应力和变形;

(2) AB 杆的总变形。

解:(1) $\sigma_{AC} = -\dfrac{20 \times 10^3 \text{ N}}{10 \times 10^2 \text{ mm}^2} = -20$ MPa, $\sigma_{CD} = 0$, $\sigma_{DB} = -20$ MPa

$\Delta l_{AC} = -\dfrac{F_N l}{EA} = \left(-\dfrac{20 \times 10^3 \times 100}{200 \times 10^3 \times 10 \times 10^2}\right)$ mm $= -0.01$ mm, $\Delta l_{CD} = 0$

$\Delta l_{DB} = -0.01$ mm

(2) $\Delta l = \Delta l_{AC} + \Delta l_{CD} + \Delta l_{DB} = -0.02$ mm

8-5 如图 8-5 所示为测定轧钢机的轧制力,在压下螺旋与上轧辊轴承座之间装置一测压力用的压头。压头是一个钢制的圆筒,其外径 $D=50$ mm,内径 $d=40$ mm,在压头的外表面上沿纵向贴有测变形用的电阻丝片。若测得压辊两端两个压头的纵向应变均为 $\varepsilon = 0.9 \times 10^{-2}$,压头材料的弹性模量 $E=200$ GPa。试求轧机的总轧制力。

解: $\sigma = E\varepsilon = 200 \times 10^9$ Pa $\times 0.9 \times 10^{-2} = 1\,800 \times 10^6$ Pa $= 1\,800$ MPa

$A = \dfrac{\pi}{4}(D^2 - d^2) = \dfrac{1}{4} \times 3.14(50^2 - 40^2)$ mm$^2 = 706.5$ mm^2

$F_N = \sigma A = 1\,800$ MPa $\times 706.5$ mm$^2 = 1\,271.7 \times 10^3$ N

轧机的总轧制力 $F = 2F_N = 2 \times 1\,271.7 \times 10^3$ N $\approx 2.54 \times 10^6$ N。

8-6 如图 8-6 所示,用一板状试样进行拉伸试验,在试样表面贴上纵向和横向的电阻丝片来测定试样的应变。已知 $b=30$ mm,$h=4$ mm;每增加 3 000 N 的拉力时,测得试样的纵向应变 $\varepsilon_1 = 120 \times 10^{-6}$,横向应变 $\varepsilon_2 = -38 \times 10^{-6}$。求试样材料的弹性模量 E 和泊松比 μ。

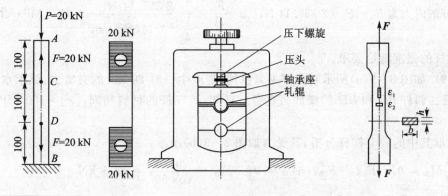

图 8-4 题 8-4 图　　图 8-5 题 8-5 图　　图 8-6 题 8-6 图

解: $\sigma = \dfrac{F}{bh} = \left(\dfrac{3\,000}{30 \times 4}\right)$ MPa $= 25$ MPa, $E = \dfrac{\sigma}{\varepsilon_1} = \dfrac{25 \times 10^6 \text{ Pa}}{120 \times 10^{-6}} = 208 \times 10^9$ Pa

$E = 208$ GPa, $\mu = \left|\dfrac{\varepsilon_2}{\varepsilon_1}\right| = \left|\dfrac{-38 \times 10^{-6}}{120 \times 10^{-6}}\right| = 0.317$

8-7 某金属矿矿井深 200 m,井架高 18 m,其提升系统简图如图 8-7 所示。设罐笼及其装载的矿石共重 $P=45$ kN,钢丝绳自重为 $p=23.8$ N/m;钢丝绳横截面面积 $A=2.51$ cm², 抗拉强度 $\sigma_b=1\,600$ MPa。设取安全系数 $n=7.5$,试校核钢丝绳的强度。

解： $F_{N,\max}=P+pl=45\text{ kN}+23.8\times10^{-3}\text{ kN/m}(200+18)\text{ m}=50.188\,4\text{ kN}$

$$\sigma_{\max}=\frac{F_{N,\max}}{A}=\frac{50.188\,4\times10^3\text{ N}}{2.51\times10^2\text{ mm}^2}=200\text{ MPa}$$

$$[\sigma]=\frac{\sigma_b}{n}=\frac{1\,600\text{ MPa}}{7.5}=213.3\text{ MPa},\quad \sigma_{\max}<[\sigma],\text{则强度满足要求。}$$

8-8 汽车离合器踏板如图 8-8 所示。已知踏板受到压力 $F_1=400$ N 作用,拉杆 1 的直径 $D=9$ mm,杠杆臂长 $L=330$ mm, $l=56$ mm,拉杆的许用应力 $[\sigma]=50$ MPa,校核拉杆 1 的强度。

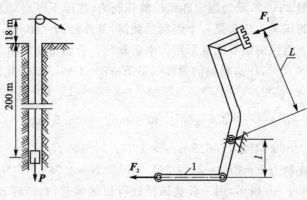

图 8-7 题 8-7 图　　图 8-8 题 8-8 图

解： $F_1L=F_2l,\quad F_2=\frac{L}{l}F_1=\frac{330\text{ mm}}{56\text{ mm}}\times400\text{ N}=2\,357.14\text{ N}$

拉杆的内力为 $F_N=F_2=2\,357.14$ N, $\sigma=\dfrac{F_N}{A}=\dfrac{2\,357.14\text{ N}}{\frac{1}{4}\times3.14\times9^2\text{ mm}^2}=37.1\text{ MPa}<[\sigma]$

因此,拉杆的强度满足要求。

8-9 如图 8-9(a)所示双杠杆夹紧机构,需产生一对 20 kN 的夹紧力,试求水平杆 AB 及二斜杆 BC 和 BD 的横截面直径。已知：该三杆的材料相同,$[\sigma]=100$ MPa, $\alpha=30°$。

解： 取其中的一个杠杆分析,其受力如图 8-9(b)所示。

$$\sum M_E=0,\quad F_Nl-F_{CB}l\cos\alpha=0,\quad F_{CB}=\frac{20\text{ kN}}{\cos 30°}=23.1\text{ kN}$$

取节点 B 分析 $F_{BA}=F_{BD}=F_{BC}=23.1$ kN。

三根杆的内力均为 $F_N=23.1$ kN(压力),$\sigma=\dfrac{F_N}{A}\leqslant[\sigma]$,则

$$\frac{\pi d^2}{4}\geqslant\frac{F_N}{[\sigma]},\quad d\geqslant\sqrt{\frac{4\times23.1\times10^3}{3.14\times100}}\text{ mm}=17.2\text{ mm}$$

所以,三根杆的横截面直径 $d_{AB}=d_{BC}=d_{BD}=17.2$ mm。

第8章 轴向拉伸和压缩

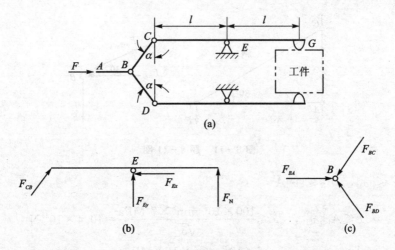

图 8-9　题 8-9 图

8-10　图 8-10 所示卧式拉床的油缸内径 $D=186$ mm,活塞杆直径 $d_1=65$ mm,材料为 20Cr 并经过热处理,$[\sigma]_\text{杆}=130$ MPa。缸盖由 6 个 M20 的螺栓与缸体连接,M20 螺栓的内径 $d=17.3$ mm,材料为 35 钢,经热处理后 $[\sigma]_\text{螺}=110$ MPa。试按活塞杆和螺栓的强度确定最大油压 p。

解： 活塞杆的内力为

$$F_\text{N} = \frac{1}{4}\pi(D^2-d_1^2)p$$

每个螺栓的内力为

$$F = \frac{F_\text{N}}{6} = \frac{1}{24}\pi(D^2-d_1^2)p$$

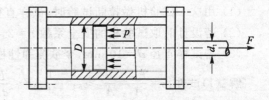

图 8-10　题 8-10 图

由强度条件 $F_\text{N} \leqslant [\sigma]A$ 得

活塞杆 $\frac{1}{4}\pi(D^2-d_1^2)p \leqslant [\sigma]_\text{杆} \frac{1}{4}\pi d_1^2$,　$p \leqslant \frac{[\sigma]_\text{杆} d_1^2}{D^2-d_1^2} = \frac{130 \text{ MPa} \times 65^2 \text{ mm}^2}{(186^2-65^2) \text{ mm}^2} = 18.1$ MPa

螺栓 $\frac{1}{24}\pi(D^2-d_1^2)p \leqslant [\sigma]_\text{螺} \frac{1}{4}\pi d^2$,　$p \leqslant 6 \times \frac{[\sigma]_\text{螺} d^2}{D^2-d_1^2} = \frac{6 \times 110 \text{ MPa} \times 17.3^2 \text{ mm}^2}{(186^2-65^2) \text{ mm}^2} = 6.5$ MPa

所以,应取最大油压 $p=6.5$ MPa。

8-11　在图 8-11 所示的简易吊车中,BC 为钢杆,AB 为木杆。木杆 AB 的横截面面积 $A_1=100$ cm²,许用应力 $[\sigma]_1=7$ MPa,钢杆 BC 的横截面面积 $A_2=6$ cm²,许用拉应力 $[\sigma]_2=160$ MPa。试求许可吊重 F。

解： ① 以节点 B 为研究对象,求杆的内力：

$$\sum F_y = 0,\quad F_\text{N钢}\sin 30° - F = 0,\quad F_\text{N钢} = \frac{F}{\sin 30°} = 2F$$

$$\sum F_x = 0,\quad F_\text{N木} - F_\text{N钢}\cos 30° = 0,\quad F_\text{N木} = F_\text{N钢}\cos 30° = \sqrt{3}F$$

② 根据强度条件,确定许可吊重

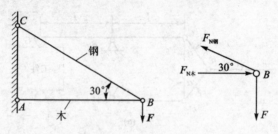

图 8-11 题 8-11 图

$$\sigma = \frac{F_N}{A} \leqslant [\sigma], \quad F_N \leqslant [\sigma]A$$

木杆：$\sqrt{3}F \leqslant A_1[\sigma]_1, \quad F \leqslant \dfrac{100 \times 10^2 \text{ mm}^2 \times 7 \text{ MPa}}{\sqrt{3}} = 40.4 \times 10^3 \text{ N}$

钢杆：$2F \leqslant A_2[\sigma]_2, \quad F \leqslant \dfrac{6 \times 10^2 \text{ mm}^2 \times 160 \text{ MPa}}{2} = 48 \times 10^3 \text{ N}$

故许可吊重 $[F] = 40.4$ kN。

8-12 某拉伸试验机的结构如图 8-12 所示。设试验机的 CD 杆与试样 AB 材料同为低碳钢，其 $\sigma_p = 200$ MPa，$\sigma_s = 240$ MPa，$\sigma_b = 400$ MPa。试验机的最大拉力为 100 kN。问：

(1) 用这一试验机做拉断试验时，试样直径最大可达多大？
(2) 若设计时取试验机的安全系数 $n = 2$，则 CD 杆的横截面面积为多少？
(3) 若试样直径 $d = 10$ mm，今欲测弹性模量 E，则所加载荷最大不能超过多少？

解：(1) 试件：$\sigma = \dfrac{F_N}{A} = \dfrac{F}{A} \geqslant \sigma_b, \quad \dfrac{1}{4}\pi d^2 \leqslant \dfrac{F}{\sigma_b},$

$d \leqslant \sqrt{\dfrac{4F_N}{\pi \sigma_b}} = \sqrt{\dfrac{4 \times 100 \times 10^3 \text{ N}}{3.14 \times 400 \text{ MPa}}} = 17.8$ mm，故 $d_{max} = 17.8$ mm

(2) CD 杆：$\sigma = \dfrac{F_N}{A} = \dfrac{F}{A} \leqslant \dfrac{\sigma_s}{n}, \quad A \geqslant \dfrac{nF}{\sigma_s} = \dfrac{2 \times 100 \times 10^3 \text{ N}}{240 \text{ MPa}} = 833.3 \text{ mm}^2$

(3) $\sigma = \dfrac{F_N}{A} = \dfrac{F}{A} \leqslant \sigma_p, \quad F \leqslant \sigma_p A = 200 \text{ MPa} \times \dfrac{1}{4} \times 3.14 \times 10^2 \text{ mm}^2 = 15.7 \times 10^3 \text{ N} = 15.7$ kN

8-13 起重机如图 8-13 所示，钢丝绳 AB 的横截面面积为 500 mm²，许用应力 $[\sigma] = 40$ MPa。试根据钢丝绳的强度确定起重机的许可起重量 P 的大小。

解：$\sin \alpha = \dfrac{10 \text{ m}}{\sqrt{10^2 + 15^2} \text{ m}} = 0.555$

$\sum M_O = 0, \quad F_N 15 \sin \alpha - 5P = 0, \quad F_N = \dfrac{P}{3\sin \alpha}, \quad \sigma = \dfrac{F_N}{A} \leqslant [\sigma]$

$P \leqslant A[\sigma]3\sin \alpha = 500 \text{ mm}^2 \times 40 \text{ MPa} \times 0.555 \times 3 = 33\,300$ N，$[P] = 33.3$ kN

8-14 如图 8-14 所示，木制短柱的四角用四个 40 mm×40 mm×4 mm 的等边角钢加固。已知角钢的许用应力 $[\sigma]_钢 = 160$ MPa，$E_钢 = 200$ GPa；木材的许用应力

$[\sigma]_木 = 12$ MPa,$E_木 = 10$ GPa。试求许可载荷 F。

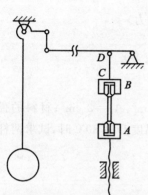

图 8-12 题 8-12 图

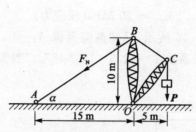

图 8-13 题 8-13 图

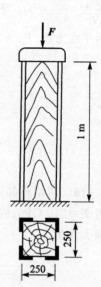

图 8-14 题 8-14 图

解:设木柱的内力为 F_{N1},每个角钢的内力为 F_{N2},则

$$F_{N1} + 4F_{N2} = F$$

变形条件:$\Delta l_1 = \Delta l_2$,即 $\dfrac{F_{N1} l}{E_木 A_木} = \dfrac{F_{N2} l}{E_钢 A_钢}$

$F_{N1} = \dfrac{E_木 A_木}{E_钢 A_钢} F_{N2} = \dfrac{10 \times 10^3 \text{ Pa} \times (250 \times 250) \text{ mm}^2}{200 \times 10^3 \text{ Pa} \times 3.086 \times 10^2 \text{ mm}^2} F_{N2} = 10.126\ 38 F_{N2}$

故 $10.126\ 38 F_{N2} + 4F_{N2} = F$, $F_{N2} = 0.070\ 79F$, $F_{N1} = F - 4F_{N2} = 0.716\ 84F$

由木柱的强度条件确定 F:

$\sigma_木 = \dfrac{F_{N1}}{A_木} \leqslant [\sigma]_木$ 则 $0.716\ 84F \leqslant A_木 [\sigma]_木$

$F \leqslant \dfrac{(250 \times 250) \text{ mm}^2 \times 12 \text{ MPa}}{0.716\ 84} = 1\ 046\ 258.5$ N $\approx 1\ 046.3$ kN

由角钢的强度条件确定 F:

$\sigma_钢 = \dfrac{F_{N2}}{A_钢} \leqslant [\sigma]_钢$,则 $0.070\ 79F \leqslant A_钢 [\sigma]_钢$

$F \leqslant \dfrac{3.086 \times 10^2 \text{ mm}^2 \times 160 \text{ MPa}}{0.070\ 79} = 697\ 499.6$ N ≈ 697.5 kN,故 $[F] = 697.5$ kN。

8-15 如图 8-15 所示为一中间切槽的钢板,以螺钉固定于刚性平面上,在 C 处作用一力 $F = 5\ 000$ N,有关尺寸如图所示。试求钢板的最大应力。

解:变形条件 $\Delta l = 0$

$A_{BC} = (10 \times 40) \text{ mm}^2 = 40 \text{ mm}^2$, $A_{AC} = (10 \times 40 - 10 \times 20) \text{ mm}^2 = 200 \text{ mm}^2$

设 AB 两端的约束力分别为 F_A、F_B,则 $\dfrac{F_A \times 100}{EA_{AC}} - \dfrac{F_B \times 50}{EA_{BC}} = 0$

$$\frac{2F_A}{200} - \frac{F_B}{400} = 0, \quad F_B = 4F_A。$$

由平衡方程:$F_A + F_B - F = 0$ 得

$$F_A = \frac{1}{5}F = 1\ 000\ \text{N}, \quad F_B = 4\ 000\ \text{N}$$

$$\sigma_{AC} = \frac{F_A}{A_{AC}} = \frac{1\ 000\ \text{N}}{200\ \text{mm}^2} = 5\ \text{MPa}(拉应力)$$

$$\sigma_{BC} = \frac{F_B}{A_{BC}} = \frac{4\ 000\ \text{N}}{400\ \text{mm}^2} = 10\ \text{MPa}(压应力)$$

$$\sigma_{\max} = 10\ \text{MPa}(压应力)$$

8-16 两钢杆如图 8-16 所示,已知截面面积 $A_1 = 1\ \text{cm}^2$,$A_2 = 2\ \text{cm}^2$;材料的弹性模量 $E = 210\ \text{GPa}$,线膨胀系数 $\alpha_l = 12.5 \times 10^{-6}\ 1/℃$。当温度升高 30℃时,试求两杆内的最大应力。

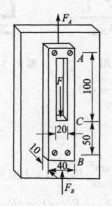

图 8-15 题 8-15 图

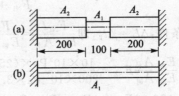

图 8-16 题 8-16 图

解:由变形条件 $\Delta l_T = \Delta l_F$

(a):$\Delta l_T = \alpha_l \Delta T l = 12.5 \times 10^{-6} \times 30 \times (2 \times 200 + 100)\ \text{mm} = 0.187\ 5\ \text{mm}$

$$\Delta l_F = 2\frac{200F}{EA_2} + \frac{100F}{EA_1} = \left(2 \times \frac{200}{2 \times 10^2} + \frac{100}{1 \times 10^2}\right) \times \frac{F}{210 \times 10^3} = \frac{3F}{210 \times 10^3}$$

$$\frac{3F}{210 \times 10^3} = 0.187\ 5, \quad F = 13\ 125\ \text{N}, \quad \sigma_{\max} = \frac{F}{A_1} = \frac{13\ 125\ \text{N}}{1 \times 10^2\ \text{mm}^2} = 131.25\ \text{MPa}$$

(b):$\Delta l_T = \alpha_l \Delta T l = 12.5 \times 10^{-6} \times 30 \times 500\ \text{mm} = 0.187\ 5\ \text{mm}$

$$\Delta l_F = \frac{500F}{EA_1} = \frac{500F}{210 \times 10^3 \times 1 \times 10^2} = \frac{5F}{210 \times 10^3}$$

$$\frac{5F}{210 \times 10^3} = 0.1875, \quad F = 7\ 875\ \text{N}, \quad \sigma_{\max} = \frac{F}{A_1} = \frac{7\ 875\ \text{N}}{1 \times 10^2\ \text{mm}^2} = 78.75\ \text{MPa}$$

第 9 章 剪 切

9.1 重点内容提要

9.1.1 剪切的概念

构件的两侧受到一对大小相等、方向相反、作用线平行且相距很近的横向力作用，使得两力间的横截面发生了相对错动。这种变形形式称为剪切，错动的面称为剪切面。

9.1.2 剪切的实用计算

1. 剪力和切应力

剪切面上的内力称为剪力，剪力的分布集度称为切应力。由于剪力在剪切面上的分布比较复杂，为了计算方便，采用简化计算的方法，认为剪力在剪切面上均匀分布，这种简化计算称为实用计算。即

$$\tau = \frac{F_Q}{A}$$

2. 剪切强度条件

为了保证受剪切的构件安全可靠地工作，要求构件工作时的切应力不得超过某一许用值。即

$$\tau = \frac{F_Q}{A} \leqslant [\tau]$$

3. 构件剪断的条件

$$\tau \geqslant \tau_u$$

9.1.3 挤压的实用计算

1. 挤压破坏的特点

构件互相接触的表面上，因承受了较大的压力作用，使接触处的局部区域发生显著的塑性变形或被压碎，这种破坏称为挤压破坏。挤压破坏会导致连接件松动，影响构件的正常工作。

在挤压面上，挤压力的分布情况比较复杂，仍采用简化计算的方法，即认为挤压力在挤压面上是均匀分布的。即

$$\sigma_{bs} = \frac{F_{bs}}{A_{bs}}$$

2. 挤压强度条件

为了保证构件的正常工作，要求构件工作时引起的挤压应力不得超过某一许用值。即

$$\sigma_{bs} = \frac{F_{bs}}{A_{bs}} \leqslant [\sigma_{bs}]$$

利用强度条件可以解决工程实际中的三个方面的问题。

9.2 综合训练解析

9-1 一螺栓连接如图 9-1 所示，已知 $F = 200 \text{ kN}$，$\delta = 2 \text{ cm}$，螺栓材料的许用切应力 $[\tau] = 80 \text{ MPa}$。试求螺栓的直径 d。

解：螺栓为双剪切

$$F_Q = \frac{1}{2}F, \quad A = \frac{1}{4}\pi d^2, \quad \tau = \frac{F_Q}{A} \leqslant [\tau], \quad \frac{1}{4}\pi d^2 \geqslant \frac{F_Q}{[\tau]},$$

$$d \geqslant \sqrt{\frac{4 \times \frac{1}{2}F}{\pi[\tau]}} = \sqrt{\frac{2 \times 200 \times 10^3 \text{ N}}{3.14 \times 80 \text{ MPa}}} = 39.9 \text{ mm}, \text{故取 } d = 40 \text{ mm}。$$

9-2 销钉式安全离合器如图 9-2 所示，允许传递的外力偶矩 $M_e = 30 \text{ kN} \cdot \text{cm}$，销钉材料的剪切强度极限 $\tau_u = 360 \text{ MPa}$，轴的直径 $D = 30 \text{ mm}$。为保证 $M_e > 30 \text{ kN} \cdot \text{cm}$ 时销钉被剪断，求销钉的直径 d。

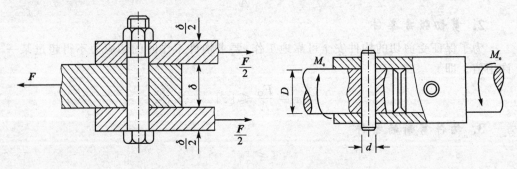

图 9-1 题 9-1 图　　　　图 9-2 题 9-2 图

解：销钉为双剪切，由平衡条件 $M_e - F_Q D = 0$，则

$$F_Q = \frac{M_e}{D} = \frac{30 \times 10^3 \times 10^{-2} \text{ N} \cdot \text{m}}{30 \times 10^{-3} \text{ m}} = 10^4 \text{ N}, \quad \tau = \frac{F_Q}{\frac{1}{4}\pi d^2} \geqslant \tau_u$$

$$d \leqslant \sqrt{\frac{4F_Q}{\pi \tau_u}} = \sqrt{\frac{4 \times 10^4 \text{ N}}{3.14 \times 360 \text{ MPa}}} = 5.95 \text{ mm}, \text{即销钉的直径 } d = 5.95 \text{ mm}。$$

9-3 如图 9-3 所示冲床的最大冲力为 400 kN，冲头材料的许用应力为 $[\sigma] = 440 \text{ MPa}$，被冲剪钢板的剪切强度极限 $\tau_u = 360 \text{ MPa}$。试求在最大冲力作用下所能冲剪圆孔的最小直径 d 和钢板的最大厚度 δ。

解:(1)冲头应满足强度条件

$$\sigma = \frac{F}{\frac{1}{4}\pi d^2} \leqslant [\sigma]$$

$$d \geqslant \sqrt{\frac{4F}{\pi[\sigma]}} = \sqrt{\frac{4 \times 400 \times 10^3 \text{ N}}{3.14 \times 440 \text{ MPa}}} = 34 \text{ mm}$$

则所能冲剪圆孔的最小直径 $d_{min} = 34$ mm。

(2)冲孔时板应满足破坏条件:$\tau \geqslant \tau_u$,

$$\tau = \frac{F}{\pi d \delta} \geqslant \tau_u$$

$$\delta \leqslant \frac{F}{\pi d \tau_u} = \frac{400 \times 10^3 \text{ N}}{3.14 \times 34 \text{ mm} \times 360 \text{ MPa}} = 10.4 \text{ mm}$$

则钢板的最大厚度 $\delta_{max} = 10.4$ mm。

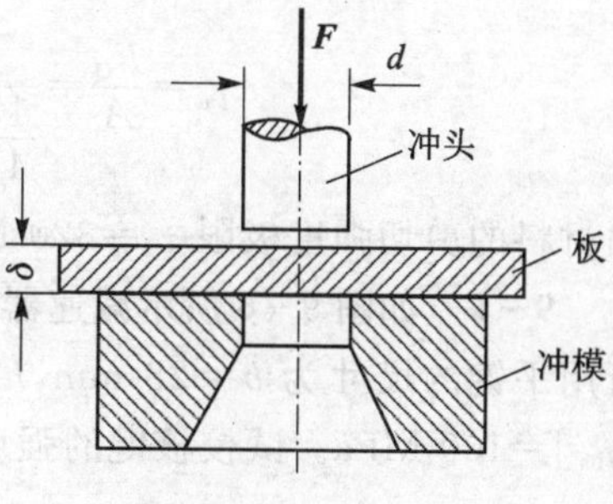

图 9-3 题 9-3 图

9-4 已知图 9-4 所示铆接钢板的厚度 $\delta = 10$ mm,铆钉的直径为 $d = 17$ mm,铆钉的许用切应力 $[\tau] = 140$ MPa,许用挤压应力 $[\sigma_{bs}] = 320$ MPa,$F = 24$ kN,试校核铆钉的强度。

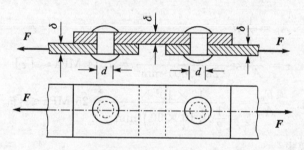

图 9-4 题 9-4 图

解:铆钉 $F_Q = F = 24$ kN, $A = \frac{1}{4}\pi d^2$, $A_{bs} = d\delta$

$$\tau = \frac{F_Q}{A} = \frac{24 \times 10^3 \text{ N}}{\frac{1}{4} \times 3.14 \times 17^2 \text{ mm}^2} = 106 \text{ MPa} \leqslant [\tau]$$

$$\sigma_{bs} = \frac{F}{A_{bs}} = \frac{24 \times 10^3 \text{ N}}{17 \times 10 \text{ mm}^2} = 141 \text{ MPa} \leqslant [\sigma_{bs}]$$

所以,铆钉的强度满足要求。

9-5 如图 9-5 所示为测定剪切强度极限的试验装置。若已知低碳钢试件的直径 $d = 1$ cm,剪断试件时的外力 $F = 50.2$ kN。试问材料的剪切强度极限为多少?

解:试件为双剪切

$$F_Q = \frac{1}{2}F, \quad A = \frac{1}{4}\pi d^2$$

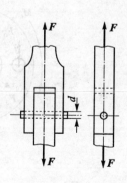

图 9-5 题 9-5 图

$$\tau_\mu = \frac{F_Q}{A} = \frac{\frac{1}{2} \times 50.2 \times 10^3 \text{ N}}{\frac{1}{4} \times 3.14 \times 10^2 \text{ mm}^2} = 319.7 \text{ MPa}$$

则材料的剪切强度极限 $\tau_\mu = 320$ MPa。

9-6 如图 9-6 所示减速器上齿轮与轴通过平键连接。已知键受外力 $F = 12$ kN，所用平键的尺寸为 $b = 28$ mm，$h = 16$ mm，$l = 60$ mm，键的许用应力 $[\tau] = 87$ MPa，$[\sigma_{bs}] = 100$ MPa。试校核键的强度。

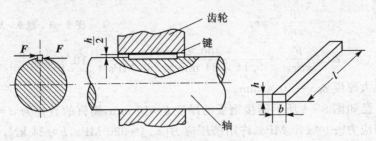

图 9-6 题 9-6 图

解： $A = bl$， $A_{bs} = \frac{1}{2} hl$

$$\tau = \frac{F_Q}{A} = \frac{12 \times 10^3 \text{ N}}{(28 \times 60) \text{ mm}^2} = 7.14 \text{ MPa} \leqslant [\tau]$$

$$\sigma_{bs} = \frac{F_{bs}}{A_{bs}} = \frac{12 \times 10^3 \text{ N}}{\left(\frac{1}{2} \times 16 \times 60\right) \text{ mm}^2} = 25 \text{ MPa} \leqslant [\sigma_{bs}]$$

则键的强度满足要求。

9-7 如图 9-7 所示联轴器，用四个螺栓连接，螺栓对称地安排在直径 $D = 480$ mm 的圆周上。这个联轴节传递的力偶矩 $M_e = 24$ kN·m。试求螺栓的直径 d 需要多大？材料的许用切应力 $[\tau] = 80$ MPa（提示：由于对称，可假设各螺栓所受的剪力相等）。

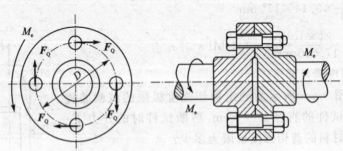

图 9-7 题 9-7 图

解： $\sum M_i = 0$， $M_e - 2F_Q D = 0$， $F_Q = \dfrac{M_e}{2D} = \dfrac{24 \times 10^6 \text{ N·mm}}{2 \times 480 \text{ mm}} = 25 \times 10^3$ N

$$\tau = \frac{F_Q}{A} = \frac{F_Q}{\frac{1}{4}\pi d^2} \leqslant [\tau], \quad d \geqslant \sqrt{\frac{4F_Q}{\pi[\sigma]}} = \sqrt{\frac{4 \times 25 \times 10^3 \text{ N}}{3.14 \times 80 \text{ MPa}}} = 20 \text{ mm}$$

则螺栓的直径 $d=20$ mm。

9-8 如图 9-8 所示夹剪，销子 C 的直径为 0.6 cm，当剪直径与销子直径相同的铜丝时，若力 $F=200$ N，$a=3$ cm，$b=15$ cm，求铜丝与销子横截面上的平均切应力。

解：取夹剪的一半分析

$$\sum M_C = 0, \quad F_A \cdot a - F \cdot b = 0, \quad F_A = \frac{b}{a}F = \frac{15 \text{ cm}}{3 \text{ cm}} \times 200 \text{ N} = 1\,000 \text{ N}$$

$$\sum F_y = 0, \quad F_C - F_A - F = 0, \quad F_C = F_A + F = (1\,000 + 200) \text{ N} = 1\,200 \text{ N}$$

铜丝横截面上的应力为

$$\tau = \frac{F_A}{\frac{1}{4}\pi d^2} = \frac{1\,000 \text{ N}}{\frac{1}{4} \times 3.14 \times 6^2 \text{ mm}^2} = 35.4 \text{ MPa}$$

销子横截面上的应力为

$$\tau = \frac{F_C}{\frac{1}{4}\pi d^2} = \frac{1\,200 \text{ N}}{\frac{1}{4} \times 3.14 \times 6^2 \text{ mm}^2} = 42.5 \text{ MPa}$$

9-9 一冶炼厂使用的高压泵安全阀如图 9-9 所示。要求当活塞下高压液体的压强达到 $p=3.4$ MPa 时，使安全销沿 1-1 和 2-2 两截面剪断，从而使高压液体流出，以保证泵的安全。已知活塞直径 $D=5.2$ cm，安全销采用 15 号钢，其剪切强度极限 $\tau_u=320$ MPa。试确定安全销的直径 d。

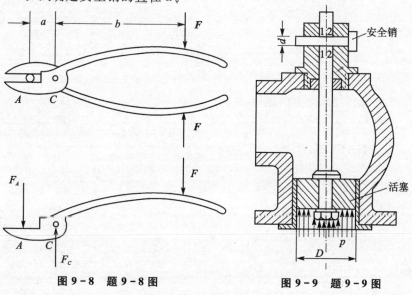

图 9-8 题 9-8 图　　图 9-9 题 9-9 图

解:安全销为双剪切

$$F_Q = \frac{1}{2} \times \frac{1}{4}\pi D^2 p = \frac{1}{8}\pi D^2 p, \quad \tau = \frac{F_Q}{A} = \frac{\frac{1}{8}\pi D^2 p}{\frac{1}{4}\pi d^2} = \frac{D^2 p}{2d^2} \geqslant \tau_\mu$$

$$d \leqslant \sqrt{\frac{D^2 p}{2\tau_\mu}} = \sqrt{\frac{52^2 \text{ mm}^2 \times 3.4 \text{ MPa}}{2 \times 320 \text{ MPa}}} = 3.79 \text{ mm}$$

安全销的直径 $d = 3.79$ mm。

第10章 扭 转

10.1 重点内容提要

10.1.1 扭转的概念

杆件两端受到两个在垂直于杆件轴线平面内的力偶作用,两个力偶的力偶矩大小相等、转向相反,使得杆件各横截面绕轴线发生了相对转动,这种变形形式称为扭转。任意两横截面间的相对角位移称为扭转角。

工程中,以扭转变形为主要变形形式的杆件称为轴。

10.1.2 扭转时的内力和应力

1. 外力偶矩的计算

功率 P_k 的单位为千瓦,转速 n 的单位为转/分,则外力偶矩

$$M_e = 9\,550 \frac{P_k}{n} (\text{N} \cdot \text{m})$$

功率 P_k 的单位为马力,转速 n 的单位为转/分,则外力偶矩

$$M_e = 7\,024 \frac{P_k}{n} (\text{N} \cdot \text{m})$$

2. 扭 矩

扭转变形杆件的内力是一个内力偶,该内力偶的力偶矩称为扭矩,用符号 T 表示。扭矩的大小由平衡方程确定,正负号按右手螺旋法则。

3. 切应力互等定理

在相互垂直的两个平面上,切应力必然成对存在,其大小相等、方向垂直于两平面的交线,且共同指向或共同背离这一交线。

4. 剪切胡克定律

当应力不超过比例极限时,切应力与切应变成正比。即

$$\tau = G\gamma$$

材料的三个弹性常数 E、μ、G 存在如下关系

$$G = \frac{E}{2(1+\mu)}$$

5. 圆轴扭转时的应力

圆轴扭转时,横截面上各点的切应力与该点到圆心的距离成正比。即

$$\tau_\rho = \frac{T}{I_P} \cdot \rho$$

最大切应力发在截面的边缘处。即

$$\tau_{\max} = \frac{T}{I_P} \cdot R = \frac{T}{W_t}$$

10.1.3 圆轴扭转时的变形

圆轴扭转时的变形是指横截面间绕轴线的相对角位移即扭转角。

$$\phi = \int_0^l \frac{T}{GI} \mathrm{d}x$$

1. 扭矩为常数的等截面轴

$$\phi = \frac{Tl}{GI_P}$$

2. 扭矩为变量或变截面轴

$$\phi = \sum \frac{T_i l_i}{GI_{Pi}}$$

10.1.4 圆轴扭转时的强度条件和刚度条件

1. 强度条件

$$\tau_{\max} \leqslant [\tau]$$

等截面轴 $\quad\tau_{\max} = \dfrac{T_{\max}}{W_t} \leqslant [\tau]$

变截面轴 $\quad\tau_{\max} = \left(\dfrac{T}{W_t}\right)_{\max} \leqslant [\tau]$

2. 刚度条件

工程中通常要求单位长度的扭转角不能超过某一许用值。即

$$\varphi = \frac{T_{\max}}{GI_P} \cdot \frac{180}{\pi} \leqslant [\varphi]$$

利用强度条件和刚度条件可以解决工程实际中三个方面的问题。

10.2 综合训练解析

10-1 试求图 10-1 所示各轴在指定横截面 1-1、2-2 和 3-3 上的扭矩。

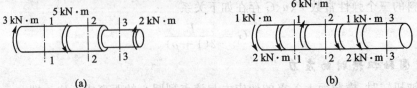

图 10-1 题 10-1 图

解:图(a): $T_1 = 3$ kN·m, $T_2 = -2$ kN·m, $T_3 = -2$ kN·m
图(b): $T_1 = -3$ kN·m, $T_2 = 3$ kN·m, $T_3 = 0$

10-2 试绘出图 10-2 所示各轴的扭矩图,并求 $|T|_{max}$。

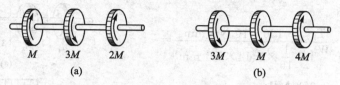

图 10-2 题 10-2 图

解:

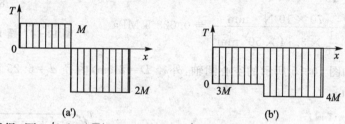

从图中可得:图(a')中, $|T|_{max} = 2M$, 图(b')中, $|T|_{max} = 4M$。

10-3 图 10-3(a)、(b)、(c)中的 T 为圆杆横截面上的扭矩(见图 10-3),试画出截面上与 T 对应的切应力分布图。

解:

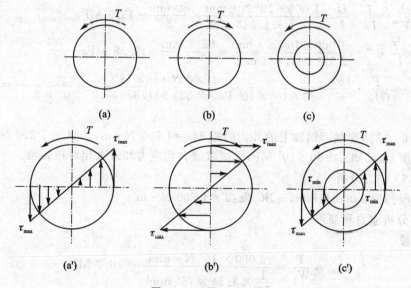

图 10-3 题 10-3 图

10-4 一传动轴如图 10-4(a)所示,已知 $M_A = 130$ N·cm, $M_B = 300$ N·cm, $M_C = 100$ N·cm, $M_D = 70$ N·cm。各段轴的直径分别为
$$d_{AB} = 5 \text{ cm}, \quad d_{BC} = 7.5 \text{ cm}, \quad d_{CD} = 5 \text{ cm}$$

试求:(1) 画出传动轴的扭矩图;

(2) 求 1-1、2-2、3-3 截面上的最大切应力 τ。

解:(1) $T_1 = -130$ N·cm, $T_2 = 170$ N·cm, $T_3 = 70$ N·cm

(2) $\tau_{1,\max} = \dfrac{T_1}{W_{t1}} = \dfrac{130 \times 10 \text{ N·mm}}{\dfrac{1}{16} \times 3.14 \times 50^3 \text{ mm}^3} = 0.053$ MPa

$\tau_{2,\max} = \dfrac{T_2}{W_{t2}} = \dfrac{170 \times 10 \text{ N·mm}}{\dfrac{1}{16} \times 3.14 \times 75^3 \text{ mm}^3} = 0.020\,5$ MPa

$\tau_{3,\max} = \dfrac{T_3}{W_{t3}} = \dfrac{70 \times 10 \text{ N·mm}}{\dfrac{1}{16} \times 3.14 \times 50^3 \text{ mm}^3} = 0.028\,5$ MPa

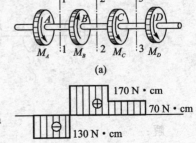

图 10-4 题 10-4 图

10-5 如图 10-5 所示的空心圆轴,外径 $D = 8$ cm,内径 $d = 6.25$ cm,承受扭矩 $T = 1\,000$ N·m。

(1) 求 $\tau_{\max}, \tau_{\min}$;

(2) 求单位长度扭转角,已知 $G = 80 \times 10^3$ MPa。

解:$I_P = \dfrac{\pi}{32}(D^4 - d^4) = \dfrac{3.14}{32}(80^4 - 62.5^4)$ mm^4 = $2\,521\,931.323$ mm^4

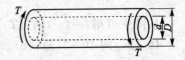

图 10-5 题 10-5 图

(1) $\tau_{\max} = \dfrac{T}{I_P} \cdot \dfrac{D}{2} = \dfrac{1\,000 \times 10^3 \text{ N·mm}}{2\,521\,931.323 \text{ mm}^4} \times \dfrac{80 \text{ mm}}{2} = 15.9$ MPa

$\tau_{\min} = \dfrac{T}{I_P} \cdot \dfrac{d}{2} = \dfrac{1\,000 \times 10^3 \text{ N·mm}}{2\,521\,931.323 \text{ mm}^4} \times \dfrac{62.5 \text{ mm}}{2} = 12.39$ MPa

(2) $\varphi = \dfrac{T}{GI_P} \cdot \dfrac{180}{\pi} = \dfrac{1\,000 \text{ N·m} \times 180}{80 \times 10^3 \times 10^6 \text{ Pa} \times 2\,521\,931.323 \times 10^{-12} \text{ m}^4 \times 3.14} = 0.284$ °/m

10-6 已知变截面钢轴上的外力偶矩 $M_B = 1\,800$ N·m, $M_C = 1\,200$ N·m,如图 10-6 所示,已知 $G = 80 \times 10^3$ MPa。试求最大切应力和最大相对扭转角。

解:(1) 内力分析

AB 段:$T = 3\,000$ N·m, BC 段:$T = 1\,200$ N·m

(2) 分析应力和变形

AB 段

$\tau_{\max} = \dfrac{T}{W_t} = \dfrac{3\,000 \times 10^3 \text{ N·mm}}{\dfrac{1}{16} \times 3.14 \times 75^3 \text{ mm}^3} = 36.2$ MPa

BC 段

$\tau_{\max} = \dfrac{T}{W_t} = \dfrac{1\,200 \times 10^3 \text{ N·mm}}{\dfrac{1}{16} \times 3.14 \times 50^3 \text{ mm}^3} = 48.9$ MPa

AC 轴

$$\tau_{\max} = 48.9 \text{ MPa}$$

$$\phi_{\max} = \phi_{AC} = \phi_{AB} + \phi_{BC} = \left(\frac{T_{AB}l_{AB}}{GI_{PAB}} + \frac{T_{BC}l_{BC}}{GI_{PBC}}\right)\frac{180}{\pi} =$$

$$\left[\left(\frac{3\,000 \times 0.75}{80 \times 10^9 \times \frac{1}{32} \times 3.14 \times 0.075^4} + \frac{1\,200 \times 0.5}{80 \times 10^9 \times \frac{1}{32} \times 3.14 \times 0.05^4}\right) \times \frac{180}{3.14}\right]° = 1.22°$$

10-7 阶梯形圆轴直径分别为 $d_1 = 40$ mm, $d_2 = 70$ mm 轴上装有三个带轮,如图 10-7 所示。已知由轮 3 输入的功率为 $P_3 = 30$ kW,轮 1 输出的功率为 $P_1 = 13$ kW,轴作匀速转动,转速 $n = 200$ r/min,材料的许用切应力 $[\tau] = 60$ MPa, $G = 80 \times 10^3$ MPa, 许用单位长度扭转角 $[\varphi] = 2°/$m。试校核轴的强度和刚度。

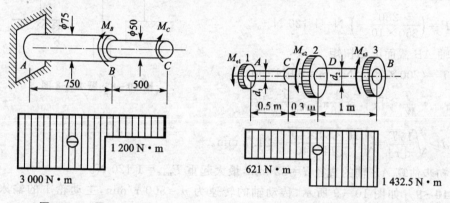

图 10-6 题 10-6 图　　图 10-7 题 10-7 图

解: $M_{e3} = 9\,550 \dfrac{P_3}{n} = 9\,550 \times \dfrac{30 \text{ kW}}{200 \text{ r/min}} = 1\,432.5 \text{ N} \cdot \text{m}$

$M_{e1} = 9\,550 \dfrac{P_1}{n} = 9\,550 \times \dfrac{13 \text{ kW}}{200 \text{ r/min}} = 621 \text{ N} \cdot \text{m}$

AC 段

$$\tau_{\max} = \frac{T_1}{W_{t1}} = \frac{M_{e1}}{\pi d_1^3/16} = \left(\frac{16 \times 621 \times 10^3}{3.14 \times 40^3}\right) \text{MPa} = 49.4 \text{ MPa} < [\tau]$$

$$\varphi = \frac{T_1}{GI_{P1}} \cdot \frac{180}{\pi} = \frac{180 M_{e1}}{G\pi \times \frac{1}{32}\pi d_1^4} = \left(\frac{180 \times 621 \times 32}{80 \times 10^9 \times 3.14^2 \times 0.04^4}\right) °/\text{m} =$$

$1.77 °/\text{m} < [\varphi] = 2 °/\text{m}$

DB 段

$$\tau_{\max} = \frac{T_2}{W_{t2}} = \frac{M_{e3}}{\pi d_2^3/16} = \left(\frac{16 \times 1\,432.5 \times 10^3}{3.14 \times 70^3}\right) \text{MPa} = 21.3 \text{ MPa} < [\tau]$$

$$\varphi = \frac{T_2}{GI_{P2}} \cdot \frac{180}{\pi} = \frac{180 M_{e3}}{G\pi \times \frac{1}{32}\pi d_2^4} = \left(\frac{180 \times 1\,432.5 \times 32}{80 \times 10^9 \times 3.14^2 \times 0.07^4}\right) °/\text{m} =$$

$0.436 °/\text{m} < [\varphi] = 2 °/\text{m}$

轴的强度、刚度均满足要求。

10-8 图 10-8 所示的绞车同时由两人操作,若每人加在手柄上的力都是 $F=200$ N,已知轴的许用切应力 $[\tau]=40$ MPa。试按强度条件初步估算 AB 轴的直径 d,并确定最大起重 P。

解: 作用在轴 AB 上的轮的力偶矩为

$$M_e = 2F \times 0.4 = 160 \text{ N·m}$$

$$\frac{M_x}{M_e} = \frac{700}{400}$$

$$M_x = \left(\frac{700}{400} \times 160\right) \text{ N·m} = 280 \text{ N·m}$$

$$M_x - P \times 250 \times 10^{-3} = 0$$

$$P = \left(\frac{280}{250 \times 10^{-3}}\right) \text{ N} = 1\,120 \text{ N}$$

轴 AB 截面上的扭矩

$$T = (200 \times 0.4) \text{ N·m} = 80 \text{ N·m}$$

$$\tau_{\max} = \frac{T}{W_t} \leqslant [\tau], \quad \frac{1}{16}\pi d^3 \geqslant \frac{T}{[\tau]}, \text{ 故}$$

$$d \geqslant \sqrt[3]{\frac{16T}{\pi[\tau]}} = \sqrt[3]{\frac{16 \times 80 \times 10^3}{3.14 \times 40}} = 21.7 \text{ mm}。$$

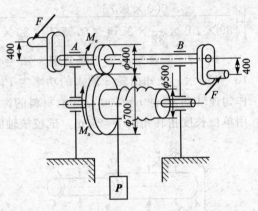

图 10-8 题 10-8 图

初步估算 AB 轴的直径 $d=22$ mm,最大起重 $P_{\max}=1\,120$ N。

10-9 如图 10-9 所示,传动轴的转速为 $n=500$ r/min,主动轮 1 的输入功率 $P_1=368$ kW,从动轮 2 和 3 分别输出 $P_2=147$ kW,$P_3=221$ kW。已知 $[\tau]=70$ MPa,许用单位长度扭转角 $[\varphi]=1°/$m,$G=80$ GPa。

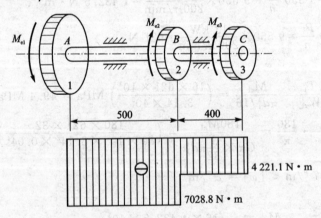

图 10-9 题 10-9 图

(1) 试确定 AB 段的直径 d_1 和 BC 段的直径 d_2。
(2) 若 AB 和 BC 两段选用同一直径,试确定直径 d。
(3) 主动轮和从动轮应如何安排才比较合理?

解： $M_{e1} = 9\,550 \dfrac{P_1}{n} = 9\,550 \times \dfrac{368 \text{ kW}}{500 \text{ r/min}} = 7\,028.8 \text{ N·m}$

$M_{e2} = 9\,550 \dfrac{P_2}{n} = 9\,550 \times \dfrac{147 \text{ kW}}{500 \text{ r/min}} = 2\,807.7 \text{ N·m}$

$M_{e3} = M_{e1} - M_{e2} = 4\,221.1 \text{ N·m}$

(1) AB 段：$T_1 = M_{e1} = 7\,028.8 \text{ N·m}$

$$\tau_{\max} = \dfrac{T_1}{W_{t1}} = \dfrac{16 T_1}{\pi \times d_1^3} \leqslant [\tau]$$

$$d_1 \geqslant \sqrt[3]{\dfrac{16 T_1}{\pi [\tau]}} = \sqrt[3]{\dfrac{16 \times 7\,028.8 \times 10^3 \text{ N·mm}}{3.14 \times 70 \text{ MPa}}} = 80 \text{ mm}$$

$$\varphi = \dfrac{T_1}{GI_{P1}} \cdot \dfrac{180}{\pi} = \dfrac{32 T_1 \times 180}{G \times \pi \times \pi d_1^4} \leqslant [\varphi]$$

$$d_1 \geqslant \left(\sqrt[4]{\dfrac{32 \times 7\,028.8 \times 180}{80 \times 10^9 \times 3.14^2 \times 1}}\right) \text{ m} = 8.46 \times 10^{-2} \text{ m} = 84.6 \text{ mm}$$

故取 $d_1 = 85$ mm。

BC 段：$T_2 = 4\,221.1$ N·m，$\tau_{\max} = \dfrac{T_2}{W_{t2}} = \dfrac{16 T_2}{\pi \times d_2^3} \leqslant [\tau]$

$$d_2 \geqslant \sqrt[3]{\dfrac{16 T_2}{\pi [\tau]}} = \sqrt[3]{\dfrac{16 \times 4\,221.1 \times 10^3 \text{ N·mm}}{3.14 \times 70 \text{ MPa}}} = 67.4 \text{ mm}$$

$$\varphi = \dfrac{T_2}{GI_{P2}} \times \dfrac{180}{\pi} = \dfrac{32 T_2 \times 180}{G \times \pi \times \pi d_2^4} \leqslant [\varphi]$$

$$d_2 \geqslant \left(\sqrt[4]{\dfrac{32 \times 4\,221.1 \times 180}{80 \times 10^9 \times 3.14^2 \times 1}}\right) \text{ m} = 7.45 \times 10^{-2} \text{ m} = 74.5 \text{ mm}$$

故取 $d_2 = 75$ mm。

(2) 若 AB、BC 选同一直径，则 $d = 85$ mm。

(3) 轮 1 与轮 2 对换位置，即主动轮应位于两从动轮之间。

10-10 汽车的驾驶盘如图 10-10 所示，驾驶盘的直径 $D_1 = 52$ cm，驾驶员每只手作用于盘上的最大切向力 $F = 200$ N，转向轴材料的许用切应力 $[\tau] = 50$ MPa，试设计实心转向轴的直径。若改为 $a = \dfrac{d}{D} = 0.8$ 的空心轴，则空心轴的内径和外径各多大？并比较两者的重量。

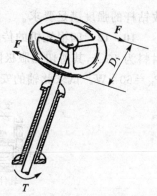

图 10-10 题 10-10 图

解： $T = FD_1 = 200 \text{ N} \times 0.52 \text{ m} = 104 \text{ N·m}$

$$\tau_{\max} = \dfrac{T}{W_t} = \dfrac{16T}{\pi \times d^3} \leqslant [\tau]$$

$$d \geqslant \sqrt[3]{\dfrac{16T}{\pi [\tau]}} = \left(\sqrt[3]{\dfrac{16 \times 104 \times 10^3}{3.14 \times 50}}\right) \text{ mm} = 22 \text{ mm}$$

故取实心轴直径 $d = 22$ mm。

若改为空心轴，外径 D、内径 d，则为

$$\tau_{\max} = \frac{T}{W_t} = \frac{T}{\frac{1}{16}\pi D^3(1-a^4)} \leqslant [\tau]$$

$$D \geqslant \sqrt[3]{\frac{16T}{\pi[\tau](1-a^4)}} = \left(\sqrt[3]{\frac{16 \times 104 \times 10^3}{3.14 \times 50 \times (1-0.8^4)}}\right) \text{ mm} = 26.2 \text{ mm}$$

取外径 $D=26.2$ mm, 内径 $d=(26.2\times 0.8)$ mm$=21$ mm

重量比：$\dfrac{P_实}{P_空} = \dfrac{A_实}{A_空} = \dfrac{\frac{1}{4}\pi \times 22^2}{\frac{1}{4}\pi \times (26.2^2 - 21^2)} = 1.972$

10-11 如图 10-11 所示，已知钻探机钻杆的外径 $D=6$ cm，内径 $d=5$ cm，功率 $P_K=7.36$ kW，转速 $n=180$ r/min，钻杆入土深度 $l=40$ m，$[\tau]=40$ MPa，假设土壤对钻杆的阻力沿钻杆长度均匀分布，试求：

(1) 单位长度上土壤对钻杆的阻力矩 m；
(2) 作钻杆的扭矩图，并进行强度校核。

解：$M_A = 9\,550 \dfrac{P_K}{n} = 9\,550 \times \dfrac{7.36 \text{ kW}}{180 \text{ r/min}} =$
390.49 N·m

(1) $m = \dfrac{M_A}{l} = \dfrac{390.49 \text{ N·m}}{40 \text{ m}} = 9.76$ N·m/m

(2) $W_t = \dfrac{1}{16}\pi D^3(1-a^4) =$

$\dfrac{3.14 \times 60^3}{16}\left[1-\left(\dfrac{5}{6}\right)^4\right] = 21\,947.3$ mm^4

$T_{\max} = M_A = 390.49$ N·m

$\tau_{\max} = \dfrac{T_{\max}}{W_t} = \dfrac{390.49 \times 10^3 \text{ N·mm}}{21\,947.3 \text{ mm}^4} = 17.79$ MPa $< [\tau]$

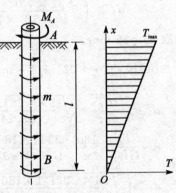

图 10-11 题 10-11 图

故钻杆的强度满足要求。

10-12 四辊轧机的传动机构如图 10-12 所示，已知万向节轴的直径 $d=11$ cm，材料为 40Cr，其剪切屈服极限 $\tau_S=450$ MPa，转速 $n=16.4$ r/min；轧机电动机的功率 $P_K=60$ kW。试求此轴的安全系数 n。

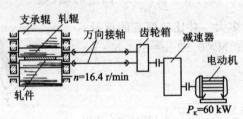

图 10-12 题 10-12 图

解：每个万向节轴内的扭矩为

$$T = M_e = 9\,550 \times \frac{\frac{1}{2}P_K}{n} = 9\,550 \times \frac{30\text{ kW}}{16.4\text{ r/min}} = 17\,469.5\text{ N}\cdot\text{m}$$

$$\tau_{max} = \frac{T}{W_t} = \frac{17\,469.5 \times 10^3\text{ N}\cdot\text{mm}}{\frac{1}{16} \times 3.14 \times 110^3\text{ mm}^3} = 66.88\text{ MPa}$$

安全系数
$$n = \frac{\tau_S}{\tau_{max}} = \frac{450\text{ MPa}}{66.88\text{ MPa}} = 6.73$$

第11章 弯曲内力

11.1 重点内容提要

11.1.1 弯曲的概念

杆件受到垂直于轴线的外力或与轴线共面的力偶作用时,杆件的轴线将弯成一条曲线,这种变形形式称为弯曲变形。

工程中,把弯曲变形为主要变形形式的杆件称为梁。当外力作用在梁的纵向对称面内时,变形后的梁轴线将是一条位于纵向对称面内的平面曲线,这种弯曲称为平面弯曲。

11.1.2 静定梁的基本形式

① 简支梁:梁的一端为固定铰支座,另一端为可动铰支座。
② 外伸梁:具有外伸端的简支梁。
③ 悬臂梁:梁的一端固定,另一端自由。

11.1.3 梁的内力

1. 剪力和弯矩

弯曲变形的梁横截面上的内力有两个:
① 沿截面作用的力 F_Q,称为剪力;
② 在外力作用面内的力偶,此力偶的力偶矩 M 称为弯矩。

剪力、弯矩的大小由平衡方程确定,其正负号作如下规定:对梁段内任一点取矩为顺时针转向时的剪力为正,使梁段的弯曲变形为凸向下时的弯矩为正。

2. 剪力方程、弯矩方程

描述剪力、弯矩沿梁长度方向变化的数学表达式分别称为剪力方程和弯矩方程。

3. 剪力图、弯矩图

将剪力方程、弯矩方程用图形表示出来,分别得到剪力图和弯矩图。

11.1.4 利用载荷集度、剪力与弯矩间的关系画梁的内力图

1. 载荷集度、剪力、弯矩之间的微分关系

$$\frac{dF_Q(x)}{dx} = q(x) \quad \frac{dM(x)}{dx} = F_Q(x)$$

$$\frac{d^2 M(x)}{dx^2} = F'_Q(x) = q(x)$$

2. 梁内力图的一些规律

① 在梁的某一段内无载荷时,剪力图为水平线,弯矩图为斜直线。

② 在梁的某一段内有均布载荷时,梁的剪力图为斜直线,弯矩图为抛物线,抛物线形状的凸、凹由 $q(x)$ 判定。极点的位置由 $F_Q(x) = \dfrac{dM(x)}{dx} = 0$ 来确定。

③ 在集中力作用的截面剪力图突变、弯矩图转折。

④ 在集中力偶作用的截面弯矩图突变,剪力图不变。

11.2 综合训练解析

11-1 试求图 11-1 所示各梁中截面 1-1、2-2、3-3 上的剪力和弯矩,这些截面无限接近截面 C 或截面 D。设 F、q、a 均已知。

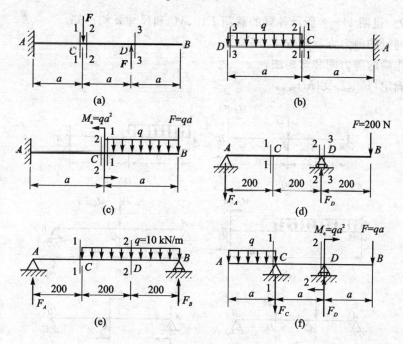

图 11-1 题 11-1 图

解：(a)： $F_{Q1} = 0$, $M_1 = Fa$; $F_{Q2} = -F$, $M_2 = Fa$; $F_{Q3} = 0$, $M_3 = 0$

(b)： $F_{Q1} = -qa$, $M_1 = -\dfrac{1}{2}qa^2$; $F_{Q2} = -qa$, $M_2 = -\dfrac{1}{2}qa^2$; $F_{Q3} = 0$, $M_3 = 0$

(c)： $F_{Q1} = 2qa$, $M_1 = -qa^2 - \dfrac{1}{2}qa^2 = -\dfrac{3}{2}qa^2$

$F_{Q2}=2qa$，$M_2=M_e-qa^2-\dfrac{1}{2}qa^2=qa^2-qa^2-\dfrac{1}{2}qa^2=-\dfrac{1}{2}qa^2$

(d)：$F_A=100$ N(向下)，$F_D=300$ N(向上)

$F_{Q1}=-100$ N，$M_1=-100$ N×0.2 m=-20 N·m

$F_{Q2}=-100$ N，$M_2=-100$ N×0.4 m=-40 N·m

$F_{Q3}=200$ N，$M_3=-200$ N×0.2 m=-40 N·m

(e)：$F_A=1.333$ kN(向上)，$F_B=2.667$ kN(向上)

$F_{Q1}=1.333$ kN，$M_1=1.333\times10^3$ N×0.2 m=266.6 N·m

$F_{Q2}=1.333$ kN$-(10\times0.2)$ kN=-0.667 kN

$M_2=\left(2.667\times10^3\times0.2-\dfrac{1}{2}\times10\times10^3\times0.2^2\right)$ N·m=33.4 N·m

(f)：$F_C=\dfrac{1}{2}qa$(向下)，$F_D=\dfrac{5}{2}qa$(向上)；$F_{Q1}=-qa$，$M_1=-\dfrac{1}{2}qa^2$

$F_{Q2}=qa-\dfrac{5}{2}qa=-\dfrac{3}{2}qa$，$M_2=-qa^2-qa\times a=-2qa^2$

11-2 设图 11-2 所示各梁的载荷 F、q、M_e 和尺寸 a 均已知。

(1) 列梁的剪力方程和弯矩方程；

(2) 作梁的剪力图和弯矩图；

(3) 确定 $|F_Q|_{\max}$ 及 $|M|_{\max}$。

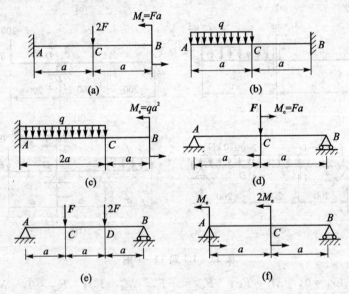

图 11-2 题 11-2 图

解：(a)：$F_A=2F$，$M_A=Fa$

AC 段

$$F_Q(x)=2F \quad (0<x<a)$$
$$M(x)=2Fx-Fa \quad (0<x\leqslant a)$$

CB 段
$$F_Q(x) = 0 \quad (a < x \leqslant 2a)$$
$$M(x) = Fa \quad (0 \leqslant x < 2a)$$
$$|F_Q|_{\max} = 2F, \quad |M|_{\max} = Fa$$

剪力图与弯矩图如图 11-3(a)所示。

(b)：$F_B = qa$, $M_B = \dfrac{3}{2}qa^2$

AC 段
$$F_Q(x) = -qx \quad (0 \leqslant x \leqslant a)$$
$$M(x) = -\frac{1}{2}qx^2 \quad (0 \leqslant x \leqslant a)$$

CB 段
$$F_Q(x) = -qa \quad (a \leqslant x < 2a)$$
$$M(x) = \frac{1}{2}qa^2 - qax \quad (a \leqslant x < 2a)$$
$$|F_Q|_{\max} = qa, \quad |M|_{\max} = \frac{3}{2}qa^2$$

剪力图与弯矩图如图 11-3(b)所示。

(c)：$F_A = 2qa$, $M_A = qa^2$

AC 段
$$F_Q(x) = 2qa - qx \quad (0 < x \leqslant 2a)$$
$$M(x) = -\frac{1}{2}qx^2 + 2qax - qa^2 \quad (0 < x < 2a)$$

CB 段
$$F_Q(x) = 0 \quad (2a \leqslant x \leqslant 3a)$$
$$M(x) = qa^2 \quad (2a \leqslant x < 3a)$$
$$|F_Q|_{\max} = 2qa, \quad |M|_{\max} = qa^2$$

剪力图与弯矩图如图 11-3(c)所示。

(d)：$F_A = 0$, $F_B = F$

AC 段
$$F_Q(x) = 0 \quad (0 \leqslant x < a)$$
$$M(x) = 0 \quad (0 \leqslant x < a)$$

CB 段
$$F_Q(x) = -F \quad (a < x < 2a)$$
$$M(x) = -Fx + 2aF \quad (a < x \leqslant 2a)$$
$$|F_Q|_{\max} = F, \quad |M|_{\max} = Fa$$

剪力图与弯矩图如图 11-3(d)所示。

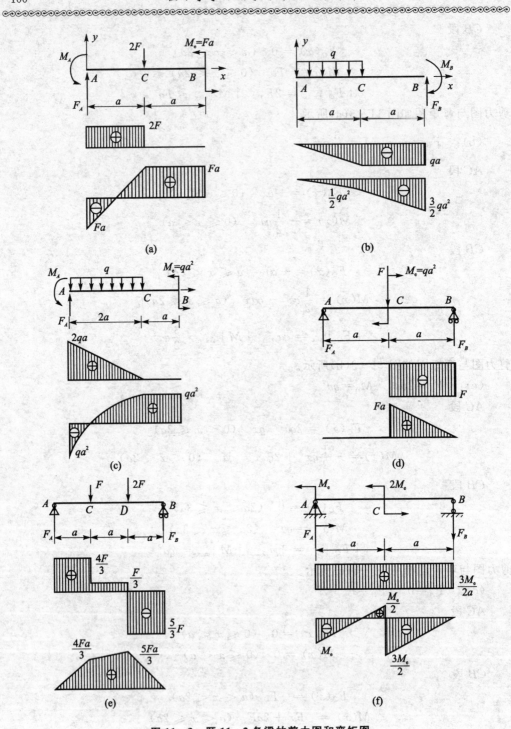

图 11-3 题 11-2 各梁的剪力图和弯矩图

(e)： $F_A = \dfrac{4}{3}F$, $F_B = \dfrac{5}{3}F$

AC 段

$$F_Q(x) = \frac{4}{3}F \quad (0 < x < a)$$

$$M(x) = \frac{4}{3}Fx \quad (0 \leqslant x \leqslant a)$$

CD 段

$$F_Q(x) = \frac{1}{3}F \quad (a < x < 2a)$$

$$M(x) = \frac{1}{3}Fx + Fa \quad (a \leqslant x \leqslant 2a)$$

DB 段

$$F_Q(x) = -\frac{5}{3}F \quad (2a < x < 3a)$$

$$M(x) = -\frac{5}{3}Fx + 5Fa \quad (2a \leqslant x \leqslant 3a)$$

$$|F_Q|_{\max} = \frac{5}{3}F, \quad |M|_{\max} = \frac{5}{3}Fa$$

剪力图与弯矩图如图 11-3(e)所示。

(f)：$F_A = \dfrac{3M_e}{2a}$(向上)，$F_B = \dfrac{3M_e}{2a}$(向下)

AC 段

$$F_Q(x) = \frac{3M_e}{2a} \quad (0 < x \leqslant a)$$

$$M(x) = \frac{3M_e}{2a}x - M_e \quad (0 < x < a)$$

CB 段

$$F_Q(x) = \frac{3M_e}{2a} \quad (a \leqslant x < 2a)$$

$$M(x) = \frac{3M_e}{2a}x - 3M_e \quad (a < x \leqslant 2a)$$

$$|F_Q|_{\max} = \frac{3M_e}{2a}, \quad |M|_{\max} = \frac{3M_e}{2}$$

剪力图与弯矩图如图 11-3(f)所示。

11-3 作图 11-4 所示各梁的剪力图和弯矩图，并求$|F_Q|_{\max}$及$|M|_{\max}$。

解：剪力图和弯矩图分别如图 11-5(a)～11-5(f)所示。

(a)：$|F_Q|_{\max} = \dfrac{3}{8}qa$，$|M|_{\max} = \dfrac{9}{128}qa^2$，剪力图与弯矩图如图 11-5(a)所示。

(b)：$|F_Q|_{\max} = 3.5F$，$|M|_{\max} = 2.5Fa$，剪力图与弯矩图如图 11-5(b)所示。

(c)：$|F_Q|_{\max} = \dfrac{5}{8}qa$，$|M|_{\max} = \dfrac{1}{8}qa^2$，剪力图与弯矩图如图 11-5(c)所示。

(d)：$|F_Q|_{max}=30$ kN，$|M|_{max}=15$ kN，剪力图与弯矩图如图 11-5(d)所示。

(e)：$|F_Q|_{max}=qa$，$|M|_{max}=qa^2$，剪力图与弯矩图如图 11-5(e)所示。

(f)：$|F_Q|_{max}=qa$，$|M|_{max}=\dfrac{1}{2}qa^2$，剪力图与弯矩图如图 11-5(f)所示。

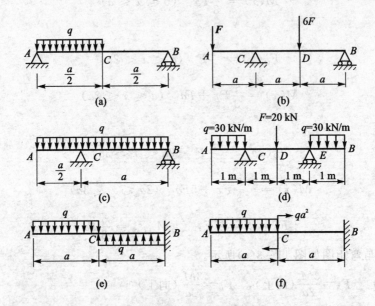

图 11-4 题 11-3 图

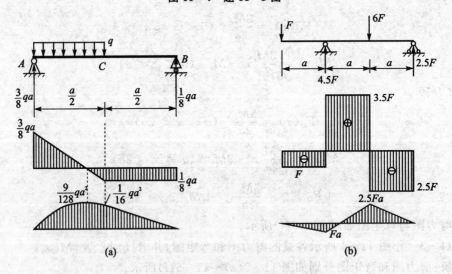

图 11-5 题 11-3 各梁的剪力图及弯矩图

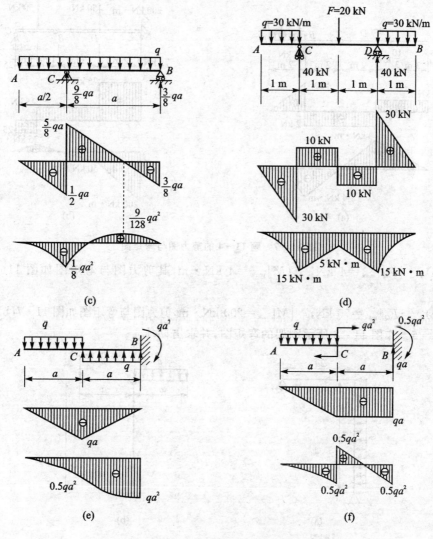

图 11-5 题 11-3 各梁的剪力图及弯矩图(续)

11-4 作图 11-6 所示各梁的剪力图和弯矩图,求 $|F_Q|_{max}$ 及 $|M|_{max}$。

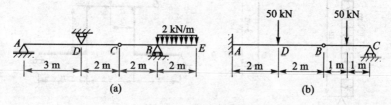

图 11-6 题 11-4 图

解: 剪力图与弯矩图如图 11-7 所示。

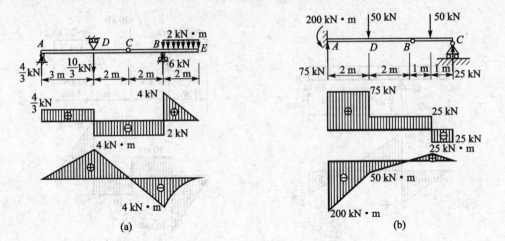

图 11-7 题 11-4 的剪力图与弯矩图

（a）：$|F_Q|_{max} = 4$ kN，$|M|_{max} = 4$ kN·m，其剪力图与弯矩图如图 11-7(a) 所示。

（b）：$|F_Q|_{max} = 75$ kN，$|M|_{max} = 200$ kN·m，剪力图与弯矩图如图 11-7(b) 所示。

11-5 作图 11-8 所示刚架的弯矩图，并求出 $|M|_{max}$。

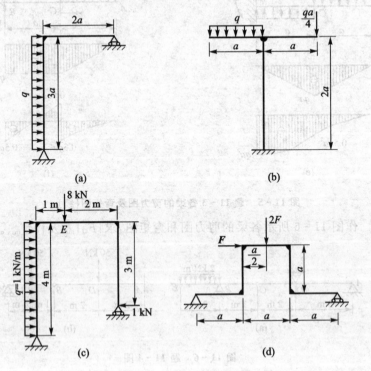

图 11-8 题 11-5 图

第 11 章 弯曲内力

解：(a)： $|M|_{\max}=\dfrac{9}{2}qa^2$，弯矩图如图 11-9(a)所示；

(b)： $|M|_{\max}=\dfrac{1}{2}qa^2$，弯矩图如图 11-9(b)所示；

(c)： $|M|_{\max}=7\ \text{kN}\cdot\text{m}$，弯矩图如图 11-9(c)所示；

(d)： $|M|_{\max}=2Fa$，弯矩图如图 11-9(d)所示。

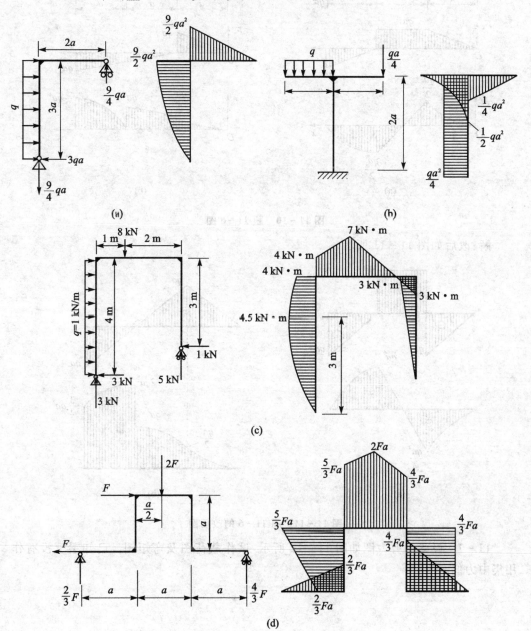

图 11-9 题 11-5 各刚架的弯矩图

11-6 试根据弯矩、剪力和载荷集度间的导数关系,改正图 11-10 所示 F_Q 图和 M 图中的错误。

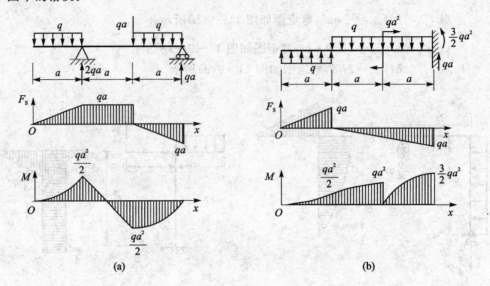

图 11-10 题 11-6 图

解: 改后如图 11-11 所示。

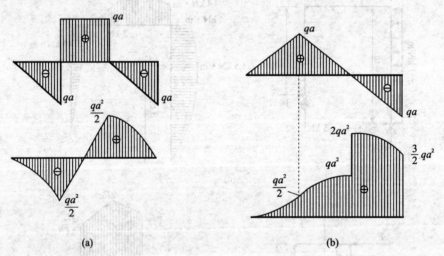

图 11-11 题 11-6 的改后图

11-7 设梁的剪力图如图 11-12 所示,试作载荷图及弯矩图。已知梁上没有作用集中力偶。

第 11 章 弯曲内力

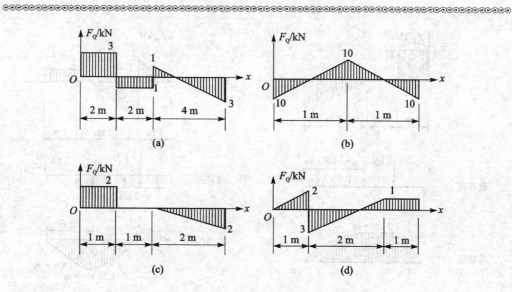

图 11-12　题 11-7 图

解：题 11-7 的载荷图及弯矩图如图 11-13 所示。

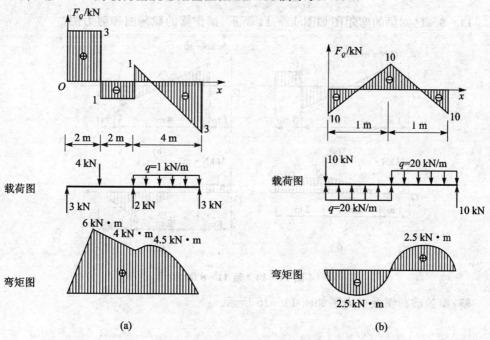

图 11-13　题 11-7 的载荷图及弯矩图

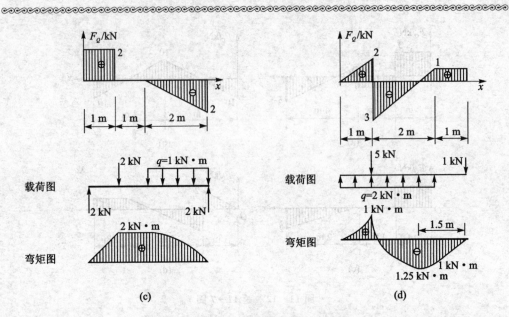

图 11-13 题 11-7 的载荷图及弯矩图(续)

11-8 已知梁的弯矩图如图 11-14 所示,试作梁的载荷图和剪力图。

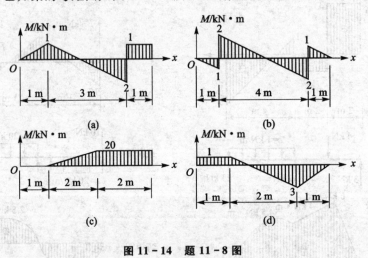

图 11-14 题 11-8 图

解:梁的载荷图及剪力图如图 11-15 所示。

第11章 弯曲内力

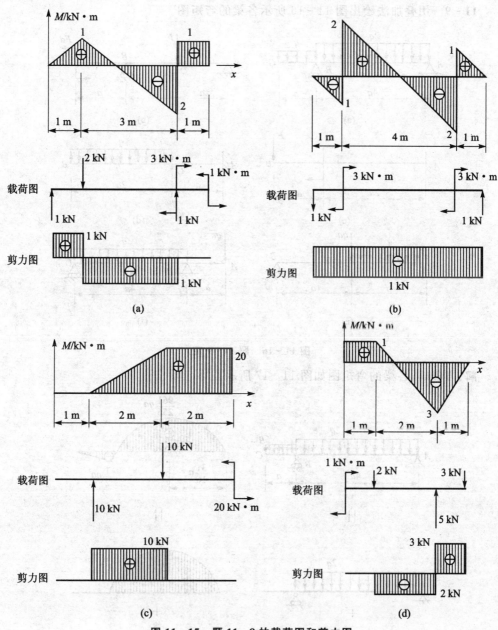

图 11-15 题 11-8 的载荷图和剪力图

11-9 用叠加法绘出图 11-16 所示各梁的弯矩图。

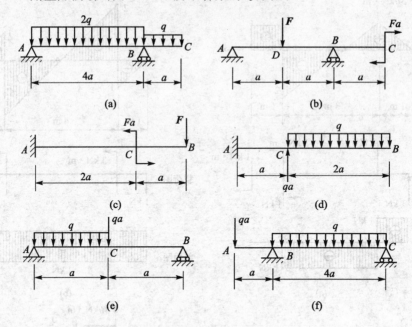

(a) (b) (c) (d) (e) (f)

图 11-16 题 11-9 图

解：方程略，各梁的弯矩图如图 11-17 所示。

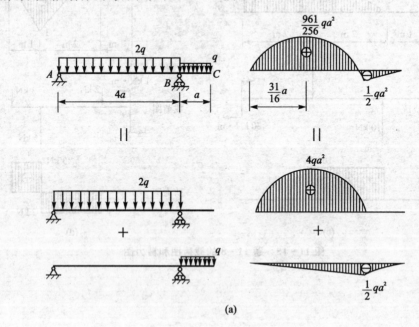

(a)

图 11-17 题 11-9 各梁的弯矩图

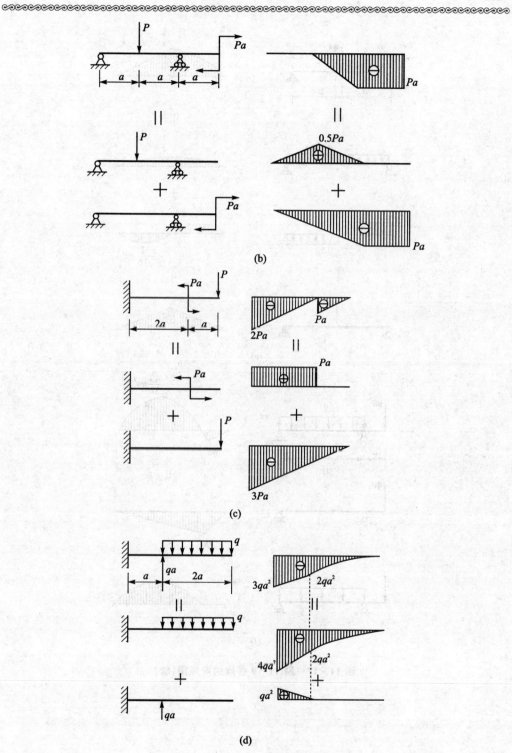

图 11-17 题 11-9 各梁的弯矩图(续)

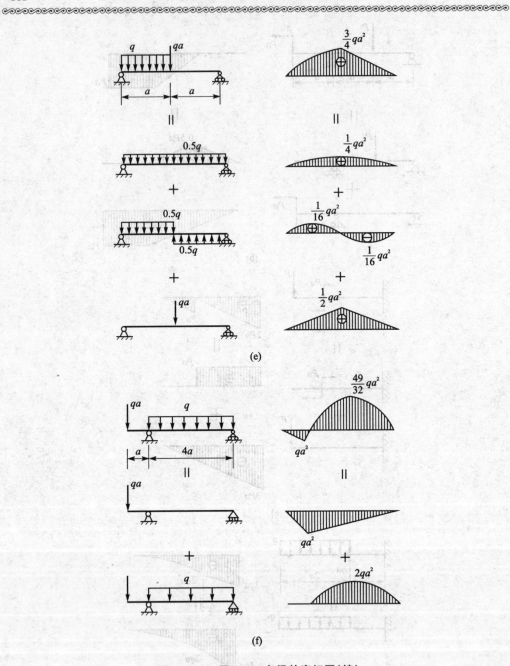

图 11-17 题 11-9 各梁的弯矩图(续)

第 12 章 弯曲应力

12.1 重点内容提要

12.1.1 纯弯曲的概念

1. 梁横截面上的应力

梁横截面的内力有剪力和弯矩,相应的应力有正应力和切应力。剪力对应于横截面上的切应力,弯矩对应于横截面上的正应力。

2. 纯弯曲

剪力等于零的弯曲称为纯弯曲,纯弯曲变形的梁横截面上只有正应力而无切应力。剪力不等于零的弯曲称为横力弯曲,横力弯曲的梁横截面上既有正应力又有切应力。

12.1.2 纯弯曲时梁横截面上的正应力

横截面上任一点的正应力与该点到中性轴的距离成正比,即

$$\sigma = \frac{M_z}{I_z}y$$

离中性轴最远处正应力最大,即

$$\sigma_{\max} = \frac{M_z}{I_z}y_{\max} = \frac{M_z}{W_z}$$

以上二公式也适用于大跨度梁的横力弯曲。

12.1.3 梁弯曲时的强度条件

1. 等截面梁的强度条件

$$\sigma_{\max} = \frac{M_{\max}}{W} \leqslant [\sigma]$$

2. 变截面梁的强度条件

$$\sigma_{\max} = \left(\frac{M}{W}\right)_{\max} \leqslant [\sigma]$$

3. 脆性材料梁的强度条件

$$\sigma_{t,\max} \leqslant [\sigma_t], \quad \sigma_{c,\max} \leqslant [\sigma_c]$$

利用强度条件可以解决工程实际中三方面的问题。

12.1.4 梁弯曲时的切应力

横力弯曲时梁横截面上既有正应力又有切应力,切应力的分布规律随截面形状的不同而不同,且最大切应力都在截面的中性轴上。

12.2 综合训练解析

12-1 把直径 $d=1$ mm 的钢丝绕在直径为 2 m 的卷筒上,试计算该钢丝中产生的最大应力。设 $E=200$ GPa。

解: $\rho=1$ m, $\sigma=E\dfrac{y}{\rho}$, $\sigma_{max}=200\times 10^3$ MPa$\times\dfrac{0.5 \text{ mm}}{1\ 000 \text{ mm}}=100$ MPa

12-2 简支梁承受均布载荷如图 12-1 所示。若分别采用截面面积相等的实心和空心圆截面,且 $D_1=40$ mm, $\dfrac{d_2}{D_2}=\dfrac{3}{5}$。试分别计算它们的最大正应力,并问空心截面比实心截面的最大正应力减小了百分之几?

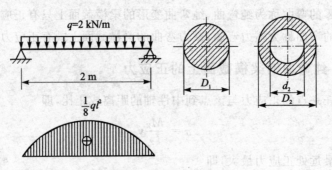

图 12-1 题 12-2 图

解: $M_{max}=\dfrac{1}{8}ql^2=\left(\dfrac{1}{8}\times 2\times 2^2\right)$ kN·m$=1$ kN·m

$\dfrac{1}{4}\pi D_1^2=\dfrac{1}{4}\pi\left[D_2^2-\left(\dfrac{3}{5}D_2\right)^2\right]$, $D_2=\dfrac{5}{4}D_1=\dfrac{5}{4}\times 40$ mm$=50$ mm

实心圆截面

$$\sigma_{1max}=\dfrac{M_{max}}{W_1}=\dfrac{32M_{max}}{\pi D_1^3}=\dfrac{32\times 1\times 10^6}{3.14\times 40^3} \text{ MPa}=159.2 \text{ MPa}$$

空心圆截面

$$\sigma_{2max}=\dfrac{M_{max}}{W_2}=\dfrac{32M_{max}}{\pi D_2^3(1-\alpha^4)}=\dfrac{32\times 1\times 10^6}{3.14\times 50^3(1-0.6^4)} \text{ MPa}=93.7 \text{ MPa}$$

空心截面比实心截面的最大正应力减小了

$$\dfrac{\sigma_{1,max}-\sigma_{2,max}}{\sigma_{1,max}}=\dfrac{(159.2-93.7) \text{ MPa}}{159.2 \text{ MPa}}\times 100\%=41\%$$

12-3 某圆轴的外伸部分为空心圆截面,载荷情况如图 12-2 所示。试作该轴的弯矩图,并求轴内的最大正应力。

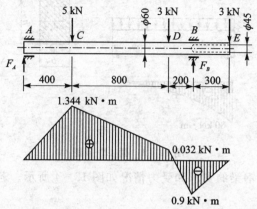

图 12-2 题 12-3 图

解:(1)外力分析

$\sum M_B = 0$, $5 \times 1\,000 + 3 \times 200 - 3 \times 300 - 1\,400 F_A = 0$, $F_A = 3.36$ kN

$\sum F_y = 0$, $F_A + F_B - 5 \text{ kN} - 3 \text{ kN} - 3 \text{ kN} = 0$, $F_B = 7.64$ kN

(2)内力分析

$$M_C = 3.36 \text{ kN} \times 0.4 \text{ m} = 1.344 \text{ kN} \cdot \text{m}$$
$$M_D = 3.36 \text{ kN} \times 1.2 \text{ m} - 5 \text{ kN} \times 0.8 \text{ m} = 0.032 \text{ kN} \cdot \text{m}$$
$$M_B = 3 \text{ kN} \times 0.3 \text{ m} = 0.9 \text{ kN} \cdot \text{m}$$

(3)应力分析

$$\sigma_{C,\max} = \frac{M_C}{W_C} = \frac{1.344 \times 10^6 \text{ N} \cdot \text{mm}}{\frac{1}{32} \times 3.14 \times 60^3 \text{ mm}^3} = 63.4 \text{ MPa}$$

$$\sigma_{B,\max} = \frac{M_B}{W_B} = \frac{0.9 \times 10^6 \text{ N} \cdot \text{mm}}{\frac{1}{32} \times 3.14 \times 60^3 (1 - 0.75^4) \text{ mm}^3} = 62.1 \text{ MPa}, \quad \sigma_{\max} = 63.4 \text{ MPa}$$

12-4 矩形截面悬臂梁如图 12-3 所示,已知 $l = 4$ m,$\frac{b}{h} = \frac{2}{3}$,$q = 10$ kN/m,$[\sigma] = 10$ MPa。试确定此梁横截面的尺寸。

解: $M_{\max} = \frac{1}{2} q l^2 = \left(\frac{1}{2} \times 10 \times 4^2\right)$ kN·m $= 80$ kN·m

$W = \frac{1}{6} b h^2 = \frac{1}{6} \times \frac{2}{3} \times h \times h^2 = \frac{1}{9} h^3$, $\sigma_{\max} = \frac{M_{\max}}{W} = \frac{9 M_{\max}}{h^3} \leqslant [\sigma]$

$h \geqslant \sqrt[3]{\frac{9 M_{\max}}{[\sigma]}} = \left(\sqrt[3]{\frac{9 \times 80 \times 10^6}{10}}\right)$ mm $= 416$ mm

$b = \frac{2}{3} h = \frac{2}{3} \times 416$ mm $= 277$ mm

故取 $b = 277$ mm,$h = 416$ mm。

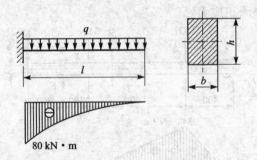

图12-3 题12-4图

12-5 20a工字钢梁的支承和受力情况如图12-4所示。若$[\sigma]=160$ MPa，试求许可载荷F。

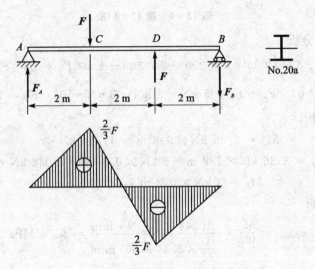

图12-4 题12-5图

解： $F_A = F_B = \dfrac{1}{3}F$, $M_{max} = \dfrac{2}{3}F(\text{N}\cdot\text{m})$，查表得$W=237$ cm^3

$$\sigma_{max} = \frac{M_{max}}{W} = \frac{\frac{2}{3}F}{W} \leqslant [\sigma]$$

$$F \leqslant \frac{3}{2}W[\sigma] = \left(\frac{3}{2}\times 237\times 10^{-6}\times 160\times 10^{6}\right)\text{N} = 56.9\times 10^3 \text{N}$$

$$[F] = 56.9 \text{ kN}$$

12-6 如图12-5所示桥式起重机大梁AB的跨度$l=16$ m，原设计最大起重量为100 kN。在大梁上距B端为x的C点悬挂一根钢索，绕过装在重物上的滑轮，将另一端再挂在吊车的吊钩上，使吊车驶到C的对称位置D，这样就可吊运150 kN的重物。试问x的最大值等于多少？设只考虑大梁的正应力强度。

解： 梁允许承受的最大弯矩为

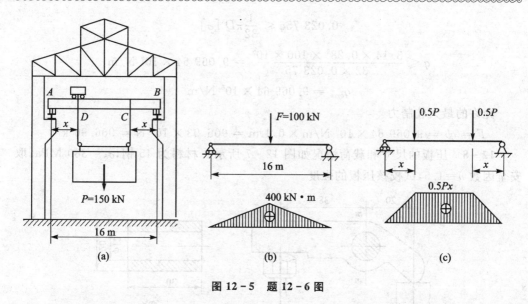

图 12-5 题 12-6 图

$$M_{max} = \frac{1}{4} \times 100 \text{ kN} \times 16 \text{ m} = 400 \text{ kN} \cdot \text{m}$$

由钢索辅助后吊起 $P=150$ kN 的重物，此时

$$M_x = \frac{1}{2}Px = \frac{1}{2} \times 150x = 75x \text{ (kN} \cdot \text{m)}, \quad M_x \leqslant M_{max}, \quad 75x \leqslant 400$$

$$x \leqslant 5.33 \text{ m}, \quad x_{max} = 5.33 \text{ m}$$

12-7 图 12-6 所示轧辊轴直径 $D=280$ mm，跨长 $L=1\,000$ mm，$b=100$ mm，$l=450$ mm。轧辊材料的弯曲许用应力 $[\sigma]=100$ MPa。求轧辊能承受的最大轧制力。

解：（1）外力分析

$$F_A = F_B = \frac{1}{2}qb$$

（2）内力分析

$$M_C = M_D = \frac{1}{2}qbl = \frac{1}{2} \times 0.1 \times 0.45q(\text{N} \cdot \text{m}) = 0.0225q(\text{N} \cdot \text{m})$$

$$M_{max} = \frac{1}{2}qb\left(l+\frac{b}{2}\right) - \frac{1}{2}q\left(\frac{b}{2}\right)^2 = \frac{1}{2}qb\left(l+\frac{b}{4}\right) = \frac{1}{2} \times 0.1q\left(0.45+\frac{1}{4} \times 0.1\right)(\text{N} \cdot \text{m}) = 0.023\,75q(\text{N} \cdot \text{m})$$

（3）确定最大轧制力，由强度条件

$$\sigma_{max} = \frac{M_{max}}{W} \leqslant [\sigma]$$

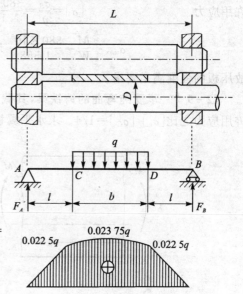

图 12-6 题 12-7 图

$$0.023\,75q \leqslant \frac{1}{32}\pi D^3[\sigma]$$

$$q \leqslant \frac{3.14 \times 0.28^3 \times 100 \times 10^6}{32 \times 0.023\,75} = 9.069\,64 \times 10^6 \text{ N/m}$$

$$q_{max} = 9.069\,64 \times 10^6 \text{ N/m}$$

允许的最大轧制力

$$F = qb = 9.069\,64 \times 10^6 \text{ N/m} \times 0.1 \text{ m} = 906.93 \times 10^3 \text{ N} = 906.96 \text{ kN}$$

12-8 压板的尺寸和载荷情况如图12-7所示。材料为45钢,$\sigma_S = 380$ MPa,取安全因数 $n=1.5$,试校核压板的强度。

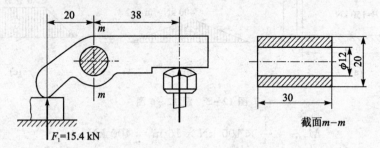

图 12-7 题 12-8 图

解:$m-m$ 截面上的弯矩为

$$M = 15.4 \times 10^3 \text{ N} \times 0.02 \text{ m} = 308 \text{ N} \cdot \text{m}$$

$$W = \frac{1}{10} \times \left(\frac{1}{12} \times 30 \times 20^3 - \frac{1}{12} \times 30 \times 12^3\right) \text{ mm}^3 = 1\,568 \text{ mm}^3$$

许用应力

$$[\sigma] = \frac{\sigma_S}{n} = \frac{380 \text{ MPa}}{1.5} = 253 \text{ MPa}$$

$$\sigma_{max} = \frac{M}{W} = \frac{380 \times 10^3}{1\,568} \text{ MPa} = 196.4 \text{ MPa} < [\sigma]$$

故压板的强度满足要求。

12-9 一承受纯弯曲的铸铁梁,其截面形状如图12-8所示,材料的拉伸和压缩许用应力之比$[\sigma_t]/[\sigma_C] = 1/4$。求水平翼板的合理宽度 b。

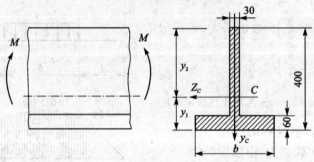

图 12-8 题 12-9 图

解：当上下边缘的应力同时达到许用应力时，此时 b 最合理，即

$$\frac{\sigma_{t,\max}}{\sigma_{c,\max}} = \frac{[\sigma_t]}{[\sigma_c]} = \frac{y_1}{y_2} = \frac{1}{4}, \quad y_2 = 4y_1$$

又 $y_1 + y_2 = 400$ mm，得 $y_1 = 80$ mm， $y_2 = 320$ mm。

整个截面对形心轴 Z_C 的静矩为零，则

$$60b(80-30) = 30(400-60)\left(\frac{400-60}{2} + 60 - 80\right)$$

$$b = \left(\frac{1}{60 \times 50} \times 30 \times 340 \times 150\right) \text{ mm} = 510 \text{ mm}$$

故水平翼板的合理宽度为 510 mm。

12-10 ⊥形截面铸铁悬臂梁的尺寸及载荷如图 12-9 所示。若材料的拉伸许用应力 $[\sigma_t] = 40$ MPa，压缩许用应力 $[\sigma_c] = 160$ MPa，截面对形心轴 Z_C 的惯性矩 $I_{Z_C} = 10\ 180$ cm^4，$h_1 = 9.64$ cm。试计算该梁的许可载荷 F。

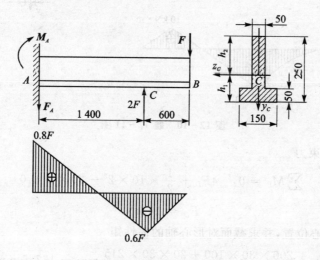

图 12-9　题 12-10 图

解：(1) 外力分析　$F_A = 2F - F = F(\text{N})$， $M_A = 2F \times 1.4 - F \times 2 = 0.8F(\text{N}\cdot\text{m})$

(2) 内力分析　A 截面 $M = 0.8F(\text{N}\cdot\text{m})$， C 截面 $M = 0.6F(\text{N}\cdot\text{m})$

(3) 确定许可载荷

A 截面上边缘为 $\sigma_{C,\max} = \dfrac{0.8F}{I_{Z_C}} \times h_2 \leqslant [\sigma_C]$

$$F \leqslant \frac{I_{Z_C}[\sigma_C]}{0.8h_2} = \frac{10\ 180 \times 10^{-8} \times 160 \times 10^6}{0.8(0.25 - 0.096\ 4)} \text{ N} = 132.6 \times 10^3 \text{ N} = 132.6 \text{ kN}$$

A 截面下边缘为 $\sigma_{t,\max} = \dfrac{0.8F}{I_{Z_C}} \times h_1 \leqslant [\sigma_t]$

$$F \leqslant \frac{I_{Z_C}[\sigma_t]}{0.8h_1} = \frac{10\ 180 \times 10^{-8} \times 40 \times 10^6}{0.8 \times 0.096\ 4} \text{ N} = 52.8 \times 10^3 \text{ N} = 52.8 \text{ kN}$$

C 截面上边缘为 $\sigma_{t,\max} = \dfrac{0.6F}{I_{z_C}} \times h_2 \leqslant [\sigma_t]$

$$F \leqslant \dfrac{I_{z_C}[\sigma_t]}{0.6 h_2} = \dfrac{10\,180 \times 10^{-8} \times 40 \times 10^6}{0.6(0.25 - 0.096\,4)}\,\text{N} = 44.2 \times 10^3\,\text{N} = 44.2\,\text{kN}$$

$$[F] = 44.2\,\text{kN}$$

12-11 铸铁梁的载荷及横截面尺寸如图 12-10 所示。许用拉应力 $[\sigma_t] = 40$ MPa，许用压应力 $[\sigma_C] = 160$ MPa。试按正应力强度条件校核梁的强度。若载荷不变，但将 T 形横截面倒置，即翼缘在下成为⊥形，是否合理？何故？

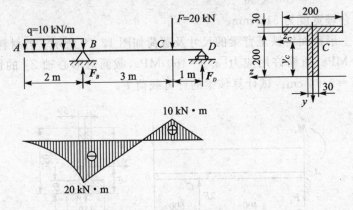

图 12-10 题 12-11 图

解：(1) 求约束力

$$\sum M_B = 0, \quad 4F_D + \dfrac{1}{2} \times 10 \times 2^2 - 20 \times 3 = 0$$

$$F_D = 10\,\text{kN}$$

(2) 确定形心位置，并求截面对形心轴的惯性矩

$$y_C = \dfrac{200 \times 30 \times 100 + 20 \times 30 \times 215}{200 \times 30 + 200 \times 30}\,\text{mm} = 157.5\,\text{mm}$$

$$I_{z_C} = \dfrac{1}{12} \times 200 \times 30^3 + 200 \times 30 \times (215 - 157.5)^2 + \dfrac{1}{12} \times$$

$$30 \times 200^3 + 200 \times 30 \times (157.5 - 100)^2 = 60.125 \times 10^6\,\text{mm}^4$$

(3) 内力分析

$$M_B = \dfrac{1}{2} \times 10 \times 2^2\,\text{kN·m} = 20\,\text{kN·m}, \quad M_C = 10 \times 1\,\text{kN·m} = 10\,\text{kN·m}$$

B、C 截面均为危险截面。

(4) 校核强度

B 截面上边缘

$$\sigma_{t,\max} = \dfrac{M_B}{I_{z_C}} \times (230 - y_C) = \dfrac{20 \times 10^6}{60.125 \times 10^6}(230 - 157.5)\,\text{MPa} = 24.1\,\text{MPa}$$

B 截面下边缘

$$\sigma_{C,\max} = \frac{M_B}{I_{z_C}} \times y_C = \frac{20 \times 10^6}{60.125 \times 10^6} \times 157.5 \text{ MPa} = 52.4 \text{ MPa}$$

C 截面下边缘

$$\sigma_{t,\max} = \frac{M_C}{I_{z_C}} \times y_C = \frac{10 \times 10^6}{60.125 \times 10^6} \times 157.5 \text{ MPa} = 26.2 \text{ MPa}$$

$$\sigma_{t,\max} = 26.2 \text{ MPa} < [\sigma_t], \quad \sigma_{C,\max} = 52.4 < [\sigma_C]$$

故梁的强度满足要求。

12-12 试计算图 12-11 所示矩形截面简支梁的 1-1 截面上 a 点和 b 点的正应力和切应力。

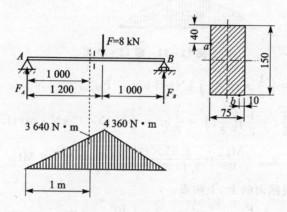

图 12-11 题 12-12 图

解：(1) 外力分析

$$\sum M_A = 0, \quad 2.2F_B - 1.2 \times 8 = 0, \quad F_B = 4.36 \text{ kN}$$

$$\sum F_y = 0, \quad F_B + F_A - 8 = 0, \quad F_A = 3.64 \text{ kN}$$

(2) 内力分析

$$M_{\max} = 1\,000 \times 4.36 \text{ kN} \cdot \text{mm} = 4\,360 \text{ kN} \cdot \text{mm} = 4\,360 \text{ N} \cdot \text{m}$$

$$M_{1-1} = 1\,000 \times 3.64 \text{ kN} \cdot \text{mm} = 3\,640 \text{ kN} \cdot \text{mm} = 3\,640 \text{ N} \cdot \text{m}$$

$$F_{Q1-1} = 3.640 \text{ kN} = 3\,640 \text{ N}$$

(3) 应力分析

$$\sigma = \frac{M}{I_z} y, \quad \tau = \frac{6F_Q}{bh^3}\left(\frac{h^2}{4} - y^2\right)$$

$$\sigma_a = \frac{3\,640 \times 10^3}{75 \times 150^3 / 12} \times (75 - 40) \text{ MPa} = 6.04 \text{ MPa}$$

$$\sigma_b = \frac{3\,640 \times 10^3}{75 \times 150^3 / 12} \times 75 \text{ MPa} = 12.9 \text{ MPa}$$

$$\tau_a = \frac{6 \times 3\,640}{75 \times 150^3} \times \left[\frac{150^2}{4} - (75-40)^2\right] \text{ MPa} = 0.379 \text{ MPa}, \quad \tau_b = 0$$

12-13 试计算在均布载荷作用下，图 12-12 所示圆截面简支梁内的最大正应力和最大切应力,并指出它们发生于何处。

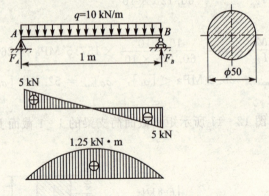

图 12-12 题 12-13 图

解: $F_A = F_B = \left(\dfrac{1}{2} \times 10 \times 1\right)$ kN $= 5$ kN, $F_{Q,\max} = 5$ kN

$M_{\max} = \dfrac{1}{2}ql \cdot \dfrac{1}{2}l - \dfrac{1}{2}q\left(\dfrac{1}{2}l\right)^2 = \dfrac{1}{8}ql^2 = \dfrac{1}{8} \times 10 \times 1^2$ kN·m $= 1.25$ kN·m

$$\sigma_{\max} = \dfrac{M_{\max}}{W} = \dfrac{1.25 \times 10^6}{3.14 \times 50^3/32} \text{ MPa} = 101.9 \text{ MPa}$$

$\sigma_{\max}$ 发生在中间截面的上、下两点。

$$\tau_{\max} = \dfrac{4}{3} \dfrac{F_{Q,\max}}{A} = \dfrac{4}{3} \times \dfrac{5 \times 10^3}{3.14 \times 50^2/4} \text{ MPa} = 3.397 \text{ MPa}$$

$\tau_{\max}$ 发生在支座内侧面的中性轴上。

12-14 试计算图 12-13 所示工字形截面梁内的最大正应力和最大切应力。

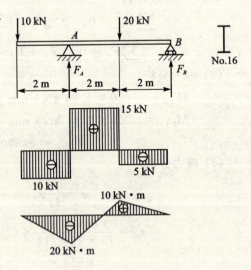

解:

(1) 外力分析

$\sum M_B = 0, \quad 10 \times 6 + 20 \times 2 - 4F_A = 0$

$F_A = 25$ kN

$\sum F_y = 0, \quad F_A + F_B - 10 - 30 = 0$

$F_B = 5$ kN

(2) 内力分析

$F_{Q,\max} = 15$ kN, $\quad M_{\max} = 20$ kN·m

(3) 应力分析

No.16　$W = 141$ cm³, $\quad I = 1\,130$ cm⁴

$I_Z/S_Z^* = 13.8$ cm, $\quad b_0 = 6.0$ mm

图 12-13 题 12-14 图

$$\sigma_{\max} = \dfrac{M_{\max}}{W} = \dfrac{20 \times 10^6}{141 \times 10^3} \text{ MPa} = 142 \text{ MPa}$$

$$\tau_{\max} = \frac{F_{Q,\max} \cdot S_z^*}{I_z b_o} = \frac{15 \times 10^3}{13.8 \times 10 \times 6} \text{ MPa} = 18.1 \text{ MPa}$$

12-15 如图 12-14 所示简支梁 AB，若载荷 F 直接作用于梁的中点，梁的最大正应力超过许可值的 30%。为避免这种过载现象，配置了副梁 CD，试求此副梁所需的长度 a。

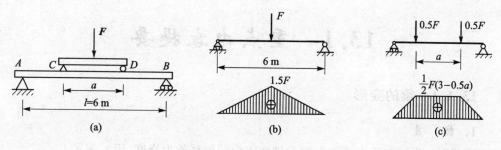

图 12-14 题 12-15 图

解：当 F 直接作用于梁中点时

$$M_{\max} = \frac{1}{4} Fl = \frac{1}{4} \times 6F = \frac{3}{2} F (\text{N} \cdot \text{m}), \quad \sigma_{\max} = \frac{\frac{3}{2} F}{W} = 1.3[\sigma], \quad [\sigma] = \frac{3F}{2.6W}$$

配置副梁后

$$M_{\max} = \frac{1}{2} F(3 - 0.5a), \quad \sigma_{\max} = \frac{\frac{1}{2} F(3 - 0.5a)}{W} \leqslant \frac{3F}{2.6W}$$

$$\frac{1}{2}(3 - 0.5a) \leqslant \frac{3}{2.6}, \quad a \geqslant 4\left(\frac{3}{2} - \frac{3}{2.6}\right) \text{ m} = 1.385 \text{ m}$$

故取 $a = 1.385$ m。

第 13 章 弯曲变形

13.1 重点内容提要

13.1.1 梁的变形

1. 挠度

横截面的形心在垂直于变形前梁轴线方向的位移称为挠度,用 ω 表示。

2. 转角

横截面相对于原位置转过的角度称为转角,用 θ 表示。

13.1.2 积分法求弯曲变形

梁的挠曲线微分方程为

$$\frac{d^2\omega}{dx^2} = \frac{M(x)}{EI}$$

对上式积分

$$\theta = \frac{d\omega}{dx} = \int \frac{M(x)}{EI} dx + C, \quad \omega = \iint \frac{M(x)}{EI} dx dx + Cx + D$$

积分常数由梁的边界条件和连续条件确定。

13.1.3 叠加法求弯曲变形

在材料服从胡克定律且小变形的前提下,若梁上同时受几个载荷作用,可分别计算各个载荷单独作用时引起的变形,然后将它们代数相加,即可得到几个载荷同时作用时的总变形,这种方法称为叠加法。

13.1.4 梁的刚度条件

梁的最大挠度和转角,或指定截面处的挠度和转角不超过某一规定的值,即

$$|\omega|_{max} \leqslant [\omega], \quad |\theta|_{max} \leqslant [\theta]$$

13.1.5 静不定梁

为了提高梁的强度和刚度,常给静定梁增加支座,此时梁成为静不定梁。解静不定梁的方法为变形比较法。

13.2 综合训练解析

13-1 用积分法求图13-1所示各梁的挠曲线方程及自由端的挠度和转角。设 EI 为常量。

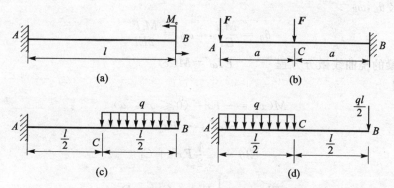

图 13-1 题 13-1 图

图13-2是题13-1各梁的受力图。

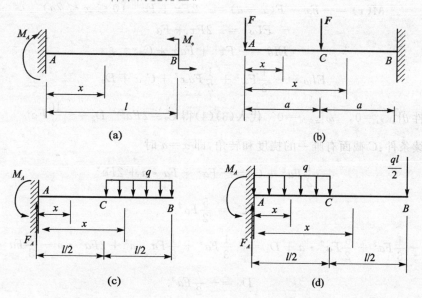

图 13-2 题 13-1 各梁的受力图

解:(a):(1) 列弯矩方程
$$M_A = M_e, \quad M(x) = M_A = M_e \quad (0 < x < l)$$
(2) 列挠曲线微分方程
$$EI\omega'' = M_e$$
(3) 积分、确定积分常数

$$EI\theta = EI\omega' = M_e x + C, \quad EI\omega = \frac{1}{2}M_e x^2 + Cx + D$$

边界条件 $\theta|_{x=0}=0$, $C=0$; $\omega|_{x=0}=0$, $D=0$

转角方程 $\theta = \frac{1}{EI}M_e x$, 挠度方程 $\omega = \frac{1}{2EI}M_e x^2$

(4) 求 θ_B, ω_B

$$\theta_B = \frac{M_e l}{EI}, \quad \omega_B = \frac{M_e l^2}{2EI}$$

(b): 梁的挠曲线微分方程 $\quad EI\omega'' = M(x)$

AC 段

$$M(x) = -Fx \quad (0 \leqslant x \leqslant a)$$
$$EI\omega'' = -Fx$$
$$EI\theta = -\frac{1}{2}Fx^2 + C_1 \tag{1}$$
$$EI\omega = -\frac{1}{6}Fx^3 + C_1 x + D_1 \tag{2}$$

CB 段

$$M(x) = -Fx - F(x-a) = -2Fx + Fa \quad (0 \leqslant x < 2a)$$
$$EI\omega'' = -2Fx + Fa$$
$$EI\theta = -Fx^2 + Fax + C_2 \tag{3}$$
$$EI\omega = -\frac{1}{3}Fx^3 + \frac{1}{2}Fax^2 + C_2 x + D_2 \tag{4}$$

边界条件 $\theta|_{x=2a}=0$, $\omega|_{x=2a}=0$ 代入(3)(4)得 $C_2 = 2Fa^2 \quad D_2 = -\frac{10}{3}Fa^3$

连续条件: C 截面有唯一的挠度和转角,即 $x=a$ 时

$$-\frac{1}{2}Fa^2 + C_1 = -Fa^2 + Fa \cdot a + 2Fa^2$$

$$C_1 = \frac{5}{2}Fa^2$$

$$-\frac{1}{6}Fa^3 + \frac{5}{2}Fa^2 \cdot a + D_1 = -\frac{1}{3}Fa^3 + \frac{1}{2}Fa \cdot a^2 + 2Fa^2 \cdot a - \frac{10}{3}Fa^3$$

$$D_1 = -\frac{7}{2}Fa^3$$

将积分常数代入式(1)、式(2)、式(3)、式(4)得转角方程和挠度方程:

AC 段

$$\theta = \frac{1}{EI}\left(-\frac{1}{2}Fx^2 + \frac{5}{2}Fa^2\right) \tag{5}$$

$$\omega = \frac{1}{EI}\left(-\frac{1}{6}Fx^3 + \frac{5}{2}Fa^2 x - \frac{7}{2}Fa^3\right) \tag{6}$$

CB 段
$$\theta = \frac{1}{EI}(-Fx^2 + Fax + 2Fa^2) \qquad (7)$$

$$\omega = \frac{1}{EI}\left(-\frac{1}{3}Fx^3 + \frac{1}{2}Fax^2 + 2Fa^2x - \frac{10}{3}Fa^3\right) \qquad (8)$$

将 $x=0$ 代入式(5)、式(6)得

$$\theta_A = \frac{5Fa^2}{2EI}, \quad \omega_A = -\frac{7Fa^3}{2EI}$$

(c): $F_A = \frac{1}{2}ql$, $M_A = \frac{3}{8}ql^2$

AC 段

$$M(x) = F_A x - M_A = \frac{1}{2}qlx - \frac{3}{8}ql^2 \quad \left(0 < x \leqslant \frac{l}{2}\right)$$

$$EI\omega'' = \frac{1}{2}qlx - \frac{3}{8}ql^2$$

$$EI\theta = \frac{1}{4}qlx^2 - \frac{3}{8}ql^2 x + C_1 \qquad ①$$

$$EI\omega = \frac{1}{12}qlx^3 - \frac{3}{16}ql^2 x^2 + C_1 x + D_1 \qquad ②$$

CB 段

$$M(x) = -\frac{1}{2}q(l-x)^2 = -\frac{1}{2}qx^2 + qlx - \frac{1}{2}ql^2 \quad \left(\frac{l}{2} \leqslant x \leqslant l\right)$$

$$EI\omega'' = -\frac{1}{2}qx^2 + qlx - \frac{1}{2}ql^2$$

$$EI\theta = -\frac{1}{6}qx^3 + \frac{1}{2}qlx^2 - \frac{1}{2}ql^2 x + C_2 \qquad ③$$

$$EI\omega = -\frac{1}{24}qx^4 + \frac{1}{6}qlx^3 - \frac{1}{4}ql^2 x^2 + C_2 x + D_2 \qquad ④$$

边界条件 $\theta|_{x=0}=0$，$\omega|_{x=0}=0$ 代入式①和式②得 $C_1=0$ $D_1=0$。

连续条件：C 截面有唯一的挠度和转角，即当 $x=\frac{l}{2}$ 时

$$\frac{1}{4}ql\left(\frac{l}{2}\right)^2 - \frac{3}{8}ql^2 \times \frac{l}{2} = -\frac{1}{6}q\left(\frac{l}{2}\right)^3 + \frac{1}{2}ql\left(\frac{l}{2}\right)^2 - \frac{1}{2}ql^2 \times \frac{l}{2} + C_2$$

$$C_2 = \frac{ql^3}{48}$$

$$\frac{1}{12}ql\left(\frac{l}{2}\right)^3 - \frac{3}{16}ql^2\left(\frac{l}{2}\right)^2 = -\frac{1}{24}q\left(\frac{l}{2}\right)^4 + \frac{1}{6}ql\left(\frac{l}{2}\right)^3 - \frac{1}{4}ql^2\left(\frac{l}{2}\right)^2 + \frac{1}{48}ql^3 \times \frac{l}{2} + D_2$$

$$D_2 = -\frac{ql^4}{384}$$

将积分常数代入式①、式②、式③和式④得转角方程和挠度方程如下：

AC 段

$$\theta = \frac{1}{EI}\left(\frac{1}{4}qlx^2 - \frac{3}{8}ql^2 x\right) \quad \text{⑤}$$

$$\omega = \frac{1}{EI}\left(\frac{1}{12}qlx^3 - \frac{3}{16}ql^2 x^2\right) \quad \text{⑥}$$

CB 段

$$\theta = \frac{1}{EI}\left(-\frac{1}{6}qx^3 + \frac{1}{2}qlx^2 - \frac{1}{2}ql^2 x + \frac{ql^3}{48}\right) \quad \text{⑦}$$

$$\omega = \frac{1}{EI}\left(-\frac{1}{24}qx^4 + \frac{1}{6}qlx^3 - \frac{1}{4}ql^2 x^2 + \frac{1}{48}ql^3 x - \frac{ql^4}{384}\right) \quad \text{⑧}$$

将 $x=l$ 代入式⑦和式⑧得自由端的挠度和转角为

$$\theta_B = -\frac{7ql^3}{48EI}, \quad \omega_B = -\frac{41ql^4}{384EI}$$

(d): $F_A = ql$, $M_A = \frac{5}{8}ql^2$

AC 段

$$M(x) = F_A x - \frac{1}{2}qx^2 - M_A = -\frac{1}{2}qx^2 + qlx - \frac{5}{8}ql^2 \quad \left(0 < x \leqslant \frac{l}{2}\right)$$

$$EI\omega'' = -\frac{1}{2}qx^2 + qlx - \frac{5}{8}ql^2$$

$$EI\theta = -\frac{1}{6}qx^3 + \frac{1}{2}qlx^2 - \frac{5}{8}ql^2 x + C_1 \quad (1)$$

$$EI\omega = -\frac{1}{24}qx^4 + \frac{1}{6}qlx^3 - \frac{5}{16}ql^2 x^2 + C_1 x + D_1 \quad (2)$$

CB 段

$$M(x) = -\frac{1}{2}ql(l-x) = \frac{1}{2}qlx - \frac{1}{2}ql^2 \quad \left(\frac{l}{2} \leqslant x \leqslant l\right)$$

$$EI\omega'' = \frac{1}{2}qlx - \frac{1}{2}ql^2$$

$$EI\theta = \frac{1}{4}qlx^2 - \frac{1}{2}ql^2 x + C_2 \quad (3)$$

$$EI\omega = \frac{1}{12}qlx^3 - \frac{1}{4}ql^2 x^2 + C_2 x + D_2 \quad (4)$$

边界条件 $\theta|_{x=0} = 0$ $\omega|_{x=0} = 0$ 代入式(1)和式(2)后得

$$C_1 = 0, \quad D_1 = 0$$

连续条件：C 截面的挠度和转角唯一，即当 $x = \frac{l}{2}$ 时

$$-\frac{1}{6}q\left(\frac{l}{2}\right)^3 + \frac{1}{2}ql\left(\frac{l}{2}\right)^2 - \frac{5}{8}ql^2\left(\frac{l}{2}\right) = \frac{1}{4}ql\left(\frac{l}{2}\right)^2 - \frac{1}{2}ql^2\left(\frac{l}{2}\right) + C_2$$

$$C_2 = -\frac{1}{48}ql^3$$

$$-\frac{1}{24}q\left(\frac{l}{2}\right)^4 + \frac{1}{6}ql\left(\frac{l}{2}\right)^3 - \frac{5}{16}ql^2\left(\frac{l}{2}\right)^2 = \frac{1}{12}ql\left(\frac{l}{2}\right)^3 - \frac{1}{4}ql^2\left(\frac{l}{2}\right)^2 - \frac{1}{48}ql^3\left(\frac{l}{2}\right) + D_2$$

$$D_2 = \frac{1}{384}ql^4$$

将积分常数代入式(1)、式(2)、式(3)和式(4)得转角方程和挠度方程,即

AC 段

$$\theta = \frac{1}{EI}\left(-\frac{1}{6}qx^3 + \frac{1}{2}qlx^2 - \frac{5}{8}ql^2 x\right) \tag{5}$$

$$\omega = \frac{1}{EI}\left(-\frac{1}{24}qx^4 + \frac{1}{6}qlx^3 - \frac{5}{16}ql^2 x^2\right) \tag{6}$$

CB 段

$$\theta = \frac{1}{EI}\left(\frac{1}{4}qlx^2 - \frac{1}{2}ql^2 x - \frac{1}{48}ql^3\right) \tag{7}$$

$$\omega = \frac{1}{EI}\left(\frac{1}{12}qlx^3 - \frac{1}{4}ql^2 x^2 - \frac{1}{48}ql^3 x + \frac{1}{384}ql^4\right) \tag{8}$$

将 $x=l$ 代入式(7)和式(8)得自由端的挠度和转角为

$$\theta_B = -\frac{13ql^3}{48EI} \quad w_B = -\frac{71ql^4}{384EI}$$

13-2 用积分法求图 13-3 所示各梁的挠曲线方程、端截面转角 θ_A 和 θ_B、跨中挠度和最大挠度。设 EI 为常量。

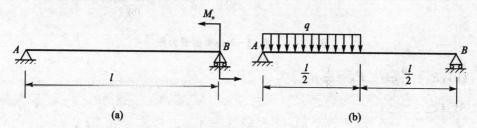

图 13-3 题 13-2 图

解:图 13-4 为题 13-2 各梁的受力图。

(a): $F_A = F_B = \dfrac{M_e}{l}$, $M(x) = \dfrac{M_e}{l}x\,(0 \leqslant x < l)$

$$EI\omega'' = \frac{M_e}{l}x$$

$$EI\theta = \frac{M_e}{2l}x^2 + C \tag{①}$$

$$EI\omega = \frac{M_e}{6l}x^3 + Cx + D \tag{②}$$

将 $\omega|_{x=0}=0$, $\omega|_{x=l}=0$ 代入式②得

$$C = -\frac{M_e}{6}l, \quad D = 0$$

因此,转角方程、挠度方程为

$$\theta = \frac{1}{EI}\left(\frac{M_e}{2l}x^2 - \frac{M_e}{6}l\right) \tag{③}$$

$$\omega = \frac{1}{EI}\left(\frac{M_e}{6l}x^3 - \frac{M_e}{6}lx\right) \qquad ④$$

将 $x=0$ 和 $x=l$ 代入式③得

$$\theta_A = -\frac{M_e l}{6EI}, \quad \theta_B = \frac{M_e l}{3EI}$$

将 $x=\dfrac{l}{2}$ 代入式④得

$$\omega_{中点} = \frac{1}{EI}\left(\frac{M_e}{6l}\times\frac{l^3}{8} - \frac{M_e l}{6}\times\frac{l}{2}\right) = -\frac{M_e l^2}{16EI}$$

令 $\dfrac{d\omega}{dx}=\theta=0$, $\dfrac{M_e}{2l}x^2 - \dfrac{M_e}{6}l = 0$, $x = \dfrac{\sqrt{3}}{3}l$

$$\omega_{\max} = \frac{1}{EI}\left[\frac{M_e}{6l}\times\left(\frac{\sqrt{3}}{3}l\right)^3 - \frac{M_e l}{6}\times\left(\frac{\sqrt{3}}{3}l\right)\right] = -\frac{\sqrt{3}M_e l^2}{27EI}$$

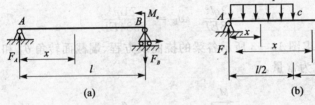

图 13-4 题 13-2 各梁的受力图

(b): $F_A = \dfrac{3}{8}ql$, $F_B = \dfrac{1}{8}ql$

AC 段

$$M(x) = F_A x - \frac{1}{2}qx^2 = \frac{3}{8}qlx - \frac{1}{2}qx^2 \quad \left(0 \leqslant x \leqslant \frac{l}{2}\right)$$

$$EI\omega'' = \frac{3}{8}qlx - \frac{1}{2}qx^2$$

$$EI\theta = \frac{3}{16}qlx^2 - \frac{1}{6}qx^3 + C_1 \tag{1}$$

$$EI\omega = -\frac{1}{24}qx^4 + \frac{1}{16}qlx^3 + C_1 x + D_1 \tag{2}$$

CB 段

$$M(x) = F_B(l-x) = -\frac{1}{8}qlx + \frac{1}{8}ql^2 \quad \left(\frac{l}{2} \leqslant x \leqslant l\right)$$

$$EI\omega'' = -\frac{1}{8}qlx + \frac{1}{8}ql^2$$

$$EI\theta = -\frac{1}{16}qlx^2 + \frac{1}{8}ql^2 x + C_2 \tag{3}$$

$$EI\omega = -\frac{1}{48}qlx^3 + \frac{1}{16}ql^2 x^2 + C_2 x + D_2 \tag{4}$$

边界条件

将 $\omega|_{x=0}$ 代入式(2)得 $\quad D_1=0$

将 $\omega|_{x=l}=0$ 代入式(4)得 $-\dfrac{1}{48}ql^4+\dfrac{1}{16}ql^4+C_2 l+D_2=0$，即

$$\frac{1}{24}ql^4+C_2 l+D_2=0 \tag{5}$$

连续条件：梁的 C 截面有唯一的挠度和转角，即当 $x=\dfrac{l}{2}$ 时

$$\frac{3}{16}ql\left(\frac{l}{2}\right)^2-\frac{1}{6}q\left(\frac{l}{2}\right)^3+C_1=-\frac{1}{16}ql\left(\frac{l}{2}\right)^2+\frac{1}{8}ql^2\left(\frac{l}{2}\right)+C_2$$

$$C_1=C_2+\frac{1}{48}ql^3 \tag{6}$$

$$-\frac{1}{24}q\left(\frac{l}{2}\right)^4+\frac{1}{16}ql\left(\frac{l}{2}\right)^3+C_1\left(\frac{l}{2}\right)=-\frac{1}{48}ql\left(\frac{l}{2}\right)^3+\frac{1}{16}ql^2\left(\frac{l}{2}\right)^2+C_2\left(\frac{l}{2}\right)+D_2$$

$$\frac{l}{2}C_1=\frac{3}{384}ql^4+C_2\times\frac{l}{2}+D_2 \tag{7}$$

将式(6)代入式(7)得

$$D_2=\frac{1}{384}ql^4$$

将 D_2 代入式(5)得

$$C_2=-\frac{17}{384}ql^3$$

将 C_2 代入式(6)得

$$C_1=-\frac{9}{384}ql^3=-\frac{3}{128}ql^3$$

将积分常数代入式(1)、式(2)、式(3)、式(4)得转角方程和挠度方程如下

AC 段

$$\theta=\frac{1}{EI}\left(\frac{3}{16}qlx^2-\frac{1}{6}qx^3-\frac{3}{128}ql^3\right) \tag{8}$$

$$w=\frac{1}{EI}\left(-\frac{1}{24}qx^4+\frac{1}{16}qlx^3-\frac{3}{128}ql^3 x\right) \tag{9}$$

CB 段

$$\theta=\frac{1}{EI}\left(-\frac{1}{16}qlx^2+\frac{1}{8}ql^2 x-\frac{17}{384}ql^3\right) \tag{10}$$

$$\omega=\frac{1}{EI}\left(-\frac{1}{48}qlx^3+\frac{1}{16}ql^2 x^2-\frac{17}{384}ql^3 x+\frac{1}{384}ql^4\right) \tag{11}$$

将 $x=0$ 代入式(8)得

$$\theta_A=-\frac{3ql^3}{128EI}$$

将 $x=l$ 代入式(10)得

$$\theta_B=\frac{7ql^3}{384EI}$$

将 $x = \dfrac{l}{2}$ 代入式(9)得

$$\omega_{\text{中点}} = \dfrac{1}{EI}\left[-\dfrac{q}{24}\left(\dfrac{l}{2}\right)^4 + \dfrac{1}{16}ql\left(\dfrac{l}{2}\right)^3 - \dfrac{3}{128}ql^3\left(\dfrac{l}{2}\right)\right] = -\dfrac{5ql^4}{768EI}$$

最大挠度发生在转角等于零的截面上。

当 $x = 0$ 时,$\theta = \theta_A < 0$;当 $x = \dfrac{l}{2}$ 时,$\theta = \dfrac{ql^3}{384} > 0$,故最大挠度发生在梁的左段。

令 $\dfrac{3}{16}qlx^2 - \dfrac{1}{6}qx^3 - \dfrac{3}{128}ql^3 = 0$,则 $x = 0.459l$

代入式(9)得

$$\omega_{\max} = -\dfrac{5.04}{768EI}ql^4$$

13-3 求图 13-5 所示悬臂梁的挠曲线方程及自由端的挠度和转角。设 EI 为常量。求解时应注意梁在 CB 段内无载荷,故 CB 仍为直线。

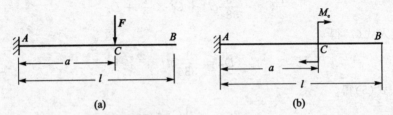

图 13-5 题 13-3 图

解: 图 13-6 为题 13-5 各梁的受力图。

(a): $F_A = F$, $M_A = Fa$, $EI\omega'' = M(x)$

AC 段

$$M(x) = F_A x - M_A = Fx - Fa \quad (0 < x \leqslant a)$$

$$EI\omega'' = Fx - Fa$$

$$EI\theta = \dfrac{1}{2}Fx^2 - Fax + C_1 \tag{1}$$

$$EI\omega = \dfrac{1}{6}Fx^3 - \dfrac{1}{2}Fax^2 + C_1 x + D_1 \tag{2}$$

边界条件:$\theta|_{x=0} = 0$, $\omega|_{x=0} = 0$ 代入式(1)、式(2)得

$$C_1 = 0 \qquad D_1 = 0$$

AC 段的转角方程和挠度方程为

$$\theta = \dfrac{1}{EI}\left(\dfrac{1}{2}Fx^2 - Fax\right), \quad \omega = \dfrac{1}{EI}\left(\dfrac{1}{6}Fx^3 - \dfrac{1}{2}Fax^2\right)$$

CB 段

$$M(x) = 0 \quad (a \leqslant x \leqslant l)$$

$$EI\omega'' = 0$$

$$EI\theta = C_2 \tag{3}$$

$$EI\omega = C_2 x + D_2 \quad (4)$$

连续条件:C 截面的挠度和转角是唯一的,即将 $x=a$ 代入得

$$\frac{1}{2}Fa^2 - Fa^2 = C_2, \quad C_2 = -\frac{1}{2}Fa^2$$

$$\frac{1}{6}Fa^3 - \frac{1}{2}Fa^3 = -\frac{1}{2}Fa^3 + D_2, \quad D_2 = \frac{1}{6}Fa^3$$

CB 段的转角方程和挠度方程为

$$\theta = -\frac{Fa^2}{2EI}, \quad \omega = \frac{1}{EI}\left(-\frac{1}{2}Fa^2 x + \frac{1}{6}Fa^3\right)$$

将 $x=l$ 代入上式得

$$\theta_B = -\frac{Fa^2}{2EI}, \quad \omega_B = \frac{1}{EI}\left(-\frac{1}{2}Fa^2 l + \frac{1}{6}Fa^3\right) = -\frac{Fa^2}{6EI}(3l-a)$$

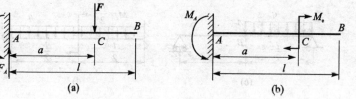

图 13-6 题 13-3 各梁的受力图

(b):$M_A = M_e$, $EI\omega'' = M(x)$

AC 段

$$M(x) = -M_e \quad (0 < x < a)$$
$$EI\omega'' = -M_e$$
$$EI\theta = -M_e x + C_1 \quad ①$$
$$EI\omega = -\frac{1}{2}M_e x^2 + C_1 x + D_1 \quad ②$$

边界条件 $\theta|_{x=0} = 0$, $\omega|_{x=0} = 0$ 得

$$C_1 = 0, \quad D_1 = 0$$

AC 段的转角方程和挠度方程为

$$\theta = -\frac{M_e}{EI}x, \quad \omega = -\frac{M_e}{2EI}x^2$$

CB 段

$$M(x) = 0 \quad (a < x \leqslant l)$$
$$EI\omega'' = 0$$
$$EI\theta = C_2 \quad ③$$
$$EI\omega = C_2 x + D_2 \quad ④$$

连续条件:C 截面的挠度和转角是唯一的,即将 $x=a$ 代入,得

$$C_2 = -M_e a$$

$$-\frac{1}{2}M_e a^2 = -M_e a^2 + D_2, \quad D_2 = \frac{1}{2}M_e a^2$$

CB 段的转角方程和挠度方程为

$$\theta = -\frac{M_e a}{EI}, \quad \omega = \frac{1}{EI}\left(-M_e a x + \frac{1}{2}M_e a^2\right)$$

将 $x=l$ 代入上式得

$$\theta_B = -\frac{M_e a}{EI}, \quad \omega_B = -\frac{M_e a}{EI}\left(l - \frac{1}{2}a\right)$$

13-4 用叠加法求图 13-7 所示各梁截面 A 的挠度和截面 B 的转角。设 EI 为已知常量。

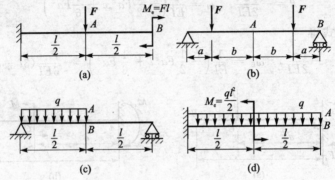

图 13-7 题 13-4 图

解：图 13-8 为题 13-4 各梁的受力叠加分析图。

（a）：

$$\omega_A = \omega_{AF} + \omega_{AM_e} = -\frac{F\left(\frac{l}{2}\right)^3}{3EI} - \frac{M_e\left(\frac{l}{2}\right)^2}{2EI} = -\frac{Fl^3}{24EI} - \frac{Fl^3}{8EI} = -\frac{Fl^3}{6EI}$$

$$\theta_B = \theta_{BF} + \theta_{BM_e} = -\frac{F\left(\frac{l}{2}\right)^2}{2EI} - \frac{M_e l}{EI} = -\frac{Fl^2}{8EI} - \frac{Fl^2}{EI} = -\frac{9Fl^2}{8EI}$$

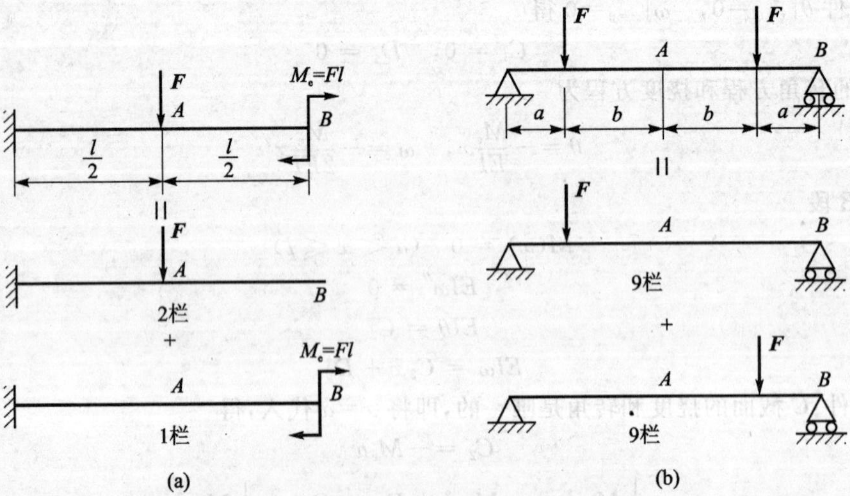

图 13-8 题 13-4 各梁的受力叠加分析图

(b)：

$$\omega_A = -2 \times \frac{Fa[3 \times (2a+2b)^2 - 4a^2]}{48EI} = -\frac{Fa(2a^2 + 6ab + 3b^2)}{6EI}$$

$$\theta_B = \frac{Fa(a+2b)(2a+2b+a)}{6EI(2a+2b)} + \frac{F(a+2b)a(2a+2b+a+2b)}{6EI(2a+2b)} =$$

$$\frac{Fa(a+2b)(6a+6b)}{12EI(a+b)} = \frac{Fa(a+2b)}{2EI}$$

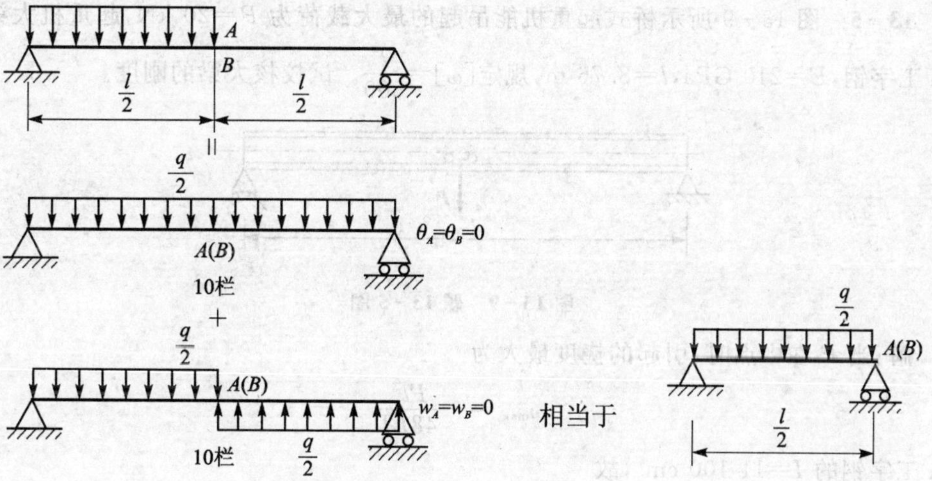

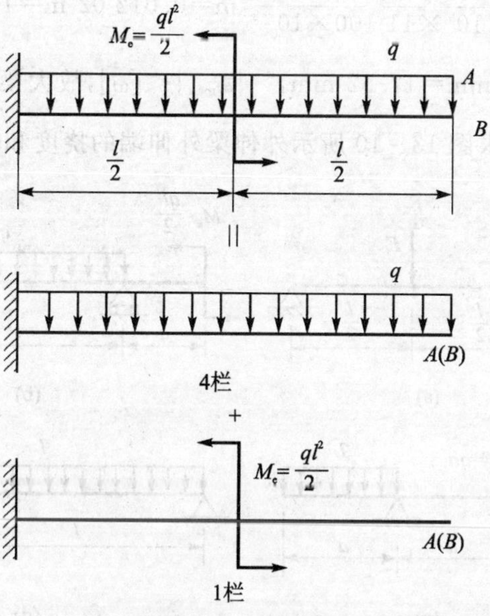

图 13-8 题 13-4 各梁的受力叠加分析图(续)

(c):
$$\omega_A = -\frac{5\left(\frac{q}{2}\right)l^4}{384EI} = -\frac{ql^4}{768EI}, \quad \theta_B = \frac{\left(\frac{q}{2}\right)\left(\frac{l}{2}\right)^3}{24EI} = \frac{ql^3}{384EI}$$

(d):
$$\omega_A = -\frac{\frac{1}{2}ql^4}{8EI} + \frac{\frac{1}{2}ql^2\left(\frac{l}{2}\right)^2}{2EI} + \frac{\frac{1}{2}ql^2\left(\frac{l}{2}\right)}{EI} \times \frac{l}{2} = \frac{ql^4}{16EI}, \quad \theta_B = -\frac{ql^3}{6EI} + \frac{\frac{1}{2}ql^2\left(\frac{l}{2}\right)}{EI} = \frac{ql^3}{12EI}$$

13-5 图 13-9 所示桥式起重机能吊起的最大载荷为 $P=20$ kN，起重机大梁为 32a 工字钢，$E=210$ GPa，$l=8.76$ m，规定 $[\omega]=\dfrac{l}{500}$。试校核大梁的刚度。

图 13-9 题 13-5 图

解：当 P 在中点时，引起的挠度最大为

$$\omega_{\max} = -\frac{Pl^3}{48EI}$$

32a 工字钢的 $I=11\,100$ cm^4，故

$$|\omega_{\max}| = \frac{20 \times 10^3 \times 8.76^3}{48 \times 210 \times 10^9 \times 11\,100 \times 10^{-8}}\text{ m} = 0.012\,02\text{ m} = 12.02\text{ mm}$$

$$[\omega] = \frac{l}{500} = \frac{8\,760}{500}\text{ mm} = 17.52\text{ mm}, \quad |\omega_{\max}| < [\omega]，故大梁刚度满足要求。$$

13-6 用叠加法求图 13-10 所示外伸梁外伸端的挠度和转角。设 EI 为常数。

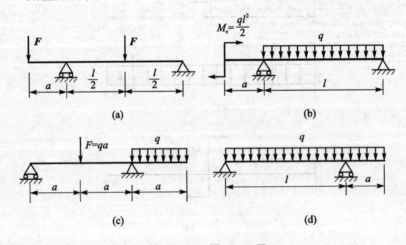

图 13-10 题 13-6 图

解：图 13-11 所示为题 13-6 各梁的受力叠加分析图。

(a)：
$$\omega = -\frac{Fa^2}{3EI}(l+a) + \frac{Fl^2}{16EI}a = \frac{Fa}{48EI}(3l^2 - 16al - 16a^2)$$
$$\theta = \frac{Fa}{6EI}(2l+3a) - \frac{Fl^2}{16EI} = \frac{F}{48EI}(24a^2 + 16al - 3l^2)$$

(b)：
$$\omega = \frac{\frac{1}{2}ql^2 a}{6EI}(2l+3a) + \frac{ql^3}{24EI}a = \frac{qal^2}{24EI}(5l+6a)$$
$$\theta = -\frac{\frac{1}{2}ql^2}{3EI}(l+3a) - \frac{ql^3}{24EI} = -\frac{ql^2}{24EI}(5l+12a)$$

(c)：
$$\omega = \frac{qa(2a)^2}{16EI}a - \frac{qa^3}{24EI}(3a+4\times 2a) = -\frac{5qa^4}{24EI}$$
$$\theta = \frac{qa(2a)^2}{16EI} - \frac{qa^2}{6EI}(2a+a) = -\frac{qa^3}{4EI}$$

(d)：
$$\omega = \frac{ql^3}{24EI}a - \frac{qa^3}{24EI}(3a+4l) = -\frac{qa}{24EI}(3a^3 + 4a^2l - l^3)$$
$$\theta = \frac{ql^3}{24EI} - \frac{qa^2}{6EI}(1+a) = -\frac{q}{24EI}(4a^3 + 4a^2l - l^3)$$

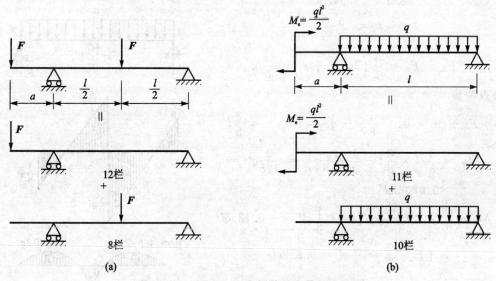

图 13-11 题 13-6 各梁的受力叠加分析图

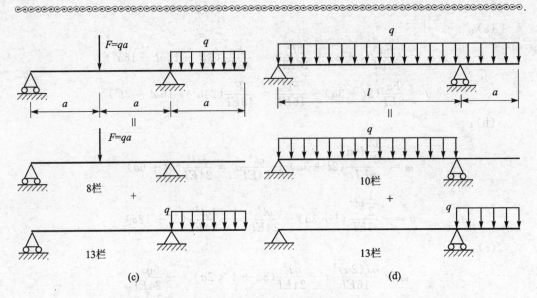

图 13-11 题 13-6 各梁的受力叠加分析图(续)

13-7 房屋建筑中的某一等截面梁简化成图 13-12 所示均布载荷作用下的双跨梁。试作梁的剪力图和弯矩图。

解: 梁的变形条件为

$$\omega_C = (\omega_C)_{F_C} + (\omega_C)_q = 0$$

$$\frac{F_C(2l)^3}{48EI} - \frac{5q(2l)^4}{384EI} = 0$$

$$F_C = \frac{5}{4}ql$$

$$F_A = F_B = \frac{1}{2}\left(2ql - \frac{5}{4}ql\right) = \frac{3}{8}ql$$

极点位置

$$F_A - qx = 0, \quad \frac{3}{8}ql - qx = 0, \quad x = \frac{3}{8}l$$

$$M_{\text{极}} = \frac{3}{8}ql \times \frac{3}{8}l - \frac{1}{2}q\left(\frac{3}{8}l\right)^2 = \frac{9}{128}ql^2 = 0.070\,3ql^2$$

$$M_C = \frac{3}{8}ql \times l - \frac{1}{2}ql^2 = -\frac{1}{8}ql^2 = -0.125ql^2$$

$$|F_Q|_{\max} = \frac{5}{8}ql = 0.625ql$$

$$|M|_{\max} = \frac{1}{8}ql^2 = 0.125ql^2$$

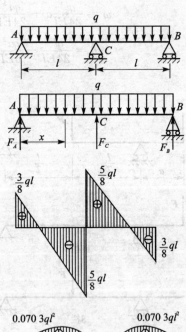

图 13-12 题 13-7 图

13-8 图 13-13 所示悬臂梁的抗弯刚度 $EI = 30 \times 10^3$ N·m²，弹簧的刚度为 175×10^3 N/m。若梁与弹簧间的空隙为 1.25 mm，当集中力 $F = 450$ N 作用于梁的自由端时，试问弹簧将分担多大的力？

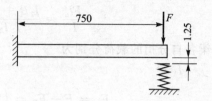

图 13-13 题 13-8 图

解：当载荷足够小时，自由端的挠度 $\omega < \delta$，此时为静定问题。

当 $F = 450$ N 的力作用在梁的自由端时，自由端的挠度为

$$\omega = \frac{Fl^3}{3EI} = \frac{450 \times 0.75^3}{3 \times 30 \times 10^3} \text{ m} = 2.11 \times 10^{-3} \text{ m} = 2.11 \text{ mm} > \delta = 1.25 \text{ mm}$$

此时属于超静定问题，设弹簧分担的力为 F_R，梁自由端最终受力为 $F - F_R$，自由端的挠度为

$$\omega = 1.25 \times 10^{-3} + \lambda, \quad \frac{(F - F_R)l^3}{3EI} = 1.25 \times 10^{-3} + \frac{F_R}{175 \times 10^3}$$

$$\frac{(450 - F_R) \times 0.75^3}{3 \times 30 \times 10^3} = 1.25 \times 10^{-3} + \frac{F_R}{175 \times 10^3}$$

$$\left(\frac{1}{175 \times 10^3} + \frac{0.75^3}{3 \times 30 \times 10^3}\right) F_R = \frac{450 \times 0.75^3}{3 \times 30 \times 10^3} - 1.25 \times 10^{-3}$$

$0.010\,402 \times 10^{-3} F_R = 0.859\,375 \times 10^{-3}$，故 $F_R = 82.6$ N。

所以，弹簧分担的力为 82.6 N。

13-9 图 13-14 所示二梁的材料相同，截面惯性矩分别为 I_1 和 I_2。在无外载荷时两梁刚好接触。试求在力 F 作用下，二梁分别负担的载荷。

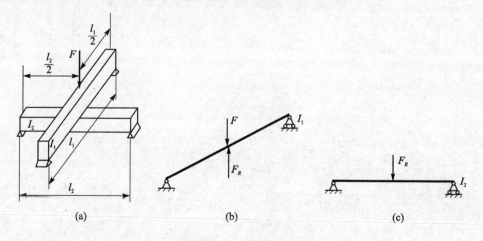

图 13-14 题 13-9 图

解：二梁在接触处的挠度相等，即 $w_1 = w_2$

$$\frac{(F - F_R)l_1^3}{48EI_1} = \frac{F_R l_2^3}{48EI_2}, \quad \frac{Fl_1^3}{I_1} = \left(\frac{l_1^3}{I_1} + \frac{l_2^3}{I_2}\right) F_R$$

$$\frac{Fl_1^3}{I_1} = \frac{I_2 l_1^3 + I_1 l_2^3}{I_1 I_2} F_R, \quad F_R = \frac{I_2 l_1^3}{I_2 l_1^3 + I_1 l_2^3} F$$

梁各自分担的载荷分别为

I_1 梁

$$F_1 = F - F_R = \left(1 - \frac{I_2 l_1^3}{I_2 l_1^3 + I_1 l_2^3}\right) F = \frac{I_1 l_2^3}{I_2 l_1^3 + I_1 l_2^3} F$$

I_2 梁

$$F_2 = F_R = \frac{I_2 l_1^3}{I_2 l_1^3 + I_1 l_2^3} F$$

第 14 章 应力状态和强度理论

14.1 重点内容提要

14.1.1 应力状态的概念

1. 一点应力状态

所谓一点应力状态是指通过受力构件内某一点的各个方位面上的应力集合,可以用单元体以及三对相互垂直面上的应力来描述。

2. 主平面、主应力、主单元体

切应力为零的平面称为主平面,主平面上的应力称为主应力,三个平面都是主平面的单元体称为主单元体。

三个主应力分别用 σ_1、σ_2、σ_3 表示,按照代数值 $\sigma_1 \geqslant \sigma_2 \geqslant \sigma_3$。

沿着三个主应力方向的线应变称为主应变,分别用 ε_1、ε_2、ε_3 表示。

3. 应力状态的分类

应力状态是按照主单元体进行分类的。三个主应力不等于零为三向应力状态或空间应力状态,两个主应力不等于零为二向应力状态或平面应力状态,一个主应力不等于零为单向应力状态。

14.1.2 平面应力状态分析

1. 斜截面上的应力

$$\sigma_\alpha = \frac{\sigma_x + \sigma_y}{2} + \frac{\sigma_x - \sigma_y}{2}\cos 2\alpha - \tau_x \sin 2\alpha$$

$$\tau_\alpha = \frac{\sigma_x - \sigma_y}{2}\sin 2\alpha + \tau_x \cos 2\alpha$$

2. 主应力的计算公式

$$\left.\begin{array}{c}\sigma_{\max} \\ \sigma_{\min}\end{array}\right\} = \frac{\sigma_x + \sigma_y}{2} \pm \sqrt{\left(\frac{\sigma_x - \sigma_y}{2}\right)^2 + \tau_x^2}$$

若 $\sigma_{\max}$、$\sigma_{\min}$ 均为正,则 $\sigma_1 = \sigma_{\max}$、$\sigma_2 = \sigma_{\min}$、$\sigma_3 = 0$;

若 $\sigma_{\max}$、$\sigma_{\min}$ 均为负,则 $\sigma_1 = 0$、$\sigma_2 = \sigma_{\max}$、$\sigma_3 = \sigma_{\min}$;

若 $\sigma_{\max}$ 为正、$\sigma_{\min}$ 为负,则 $\sigma_1 = \sigma_{\max}$、$\sigma_2 = 0$、$\sigma_3 = \sigma_{\min}$。

主平面的方位由下式确定

$$\tan 2\alpha_0 = -\frac{2\tau_x}{\sigma_x - \sigma_y}$$

3. 极值切应力

$$\left.\begin{array}{c}\tau_{\max}\\\tau_{\min}\end{array}\right\} = \pm\sqrt{\left(\frac{\sigma_x - \sigma_y}{2}\right)^2 + \tau_x^2} = \pm\frac{\sigma_{\max} - \sigma_{\min}}{2}$$

极值切应力所在的方位面由下式确定

$$\tan 2\alpha_1 = \frac{\sigma_x - \sigma_y}{2\tau_x}$$

极值切应力所在平面与主平面成 $45°$ 角,即 $\alpha_1 = \alpha_0 + 45°$。

14.1.3 空间应力状态下的最大正应力和最大切应力

最大正应力

$$\sigma_{\max} = \sigma_1$$

最大切应力

$$\tau_{\max} = \frac{\sigma_1 - \sigma_3}{2}$$

14.1.4 广义胡克定律

广义胡克定律给出了复杂应力状态下正应力与线应变间的关系,即

$$\varepsilon_1 = \frac{1}{E}[\sigma_1 - \mu(\sigma_2 + \sigma_3)]$$

$$\varepsilon_2 = \frac{1}{E}[\sigma_2 - \mu(\sigma_1 + \sigma_3)]$$

$$\varepsilon_3 = \frac{1}{E}[\sigma_3 - \mu(\sigma_1 + \sigma_2)]$$

沿 σ_1 方向的线应变是所有方向线应变的最大值,即 $\varepsilon_{\max} = \varepsilon_1$。

在小变形的情况下,线应变只与正应力有关,而与切应力无关,因此对于非主单元体同样适用。线应变与正应力关系为

$$\varepsilon_x = \frac{1}{E}[\sigma_x - \mu(\sigma_y + \sigma_z)]$$

$$\varepsilon_y = \frac{1}{E}[\sigma_y - \mu(\sigma_x + \sigma_z)]$$

$$\varepsilon_z = \frac{1}{E}[\sigma_z - \mu(\sigma_x + \sigma_y)]$$

14.1.5 强度理论

1. 材料的破坏形式

材料的破坏归为两类:脆性断裂、塑性屈服。

2. 强度理论

强度理论是对材料在不同应力状态下破坏原因的假设,是以材料的破坏形式为依据的。

以断裂为标志的:最大拉应力理论和最大伸长线应变理论。

以屈服为标志的:最大切应力理论和畸变能密度理论。

14.2 综合训练解析

14-1 构件受力如图14-1所示。

(1) 确定危险点的位置;

(2) 用单元体表示危险点的应力状态。

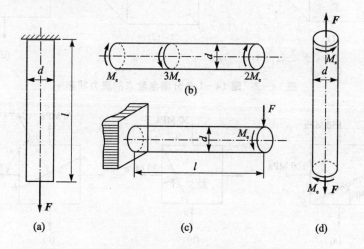

图 14-1 题 14-1 图

解: 图 14-2 为题 14-1 各分图的危险点的应力状态。

(a): 每一点的应力状态相同,且

$$\sigma = \frac{F}{A} = \frac{4F}{\pi d^2}$$

(b): 危险点为右段横截面的外缘各点,且

$$\tau = \frac{T}{W_t} = \frac{2M_e}{\pi d^3/16} = \frac{32M_e}{\pi d^3}$$

(c): 危险点在固定端截面的上下两点,且

$$\sigma = \frac{M}{W} = \frac{Fl}{\pi d^3/32} = \frac{32Fl}{\pi d^3}, \quad \tau = \frac{T}{W_t} = \frac{M_e}{\pi d^3/16} = \frac{16M_e}{\pi d^3}$$

(d): 危险点为每一个横截面的外缘上的各点,且

$$\sigma = \frac{F}{A} = \frac{4F}{\pi d^2}, \quad \tau = \frac{T}{W_t} = \frac{M_e}{\pi d^3/16} = \frac{16M_e}{\pi d^3}$$

14-2 应力状态如图14-3(a)、(b)、(c)所示,求指定斜截面 ab 上的应力,并画在

单元体上。

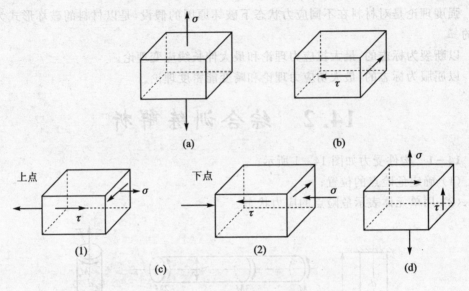

图 14-2　题 14-1 各分图危险点的应力状态

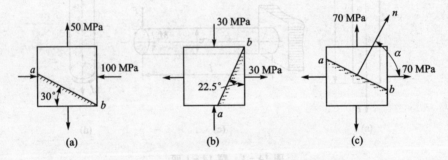

图 14-3　题 14-2 图

解：图 14-4 为题 14-2 各单元体斜截面上的应力情况图。

(a)：$\sigma_x = -100$ MPa，$\sigma_y = 50$ MPa，$\tau_x = 0$，$\alpha = 60°$

$$\sigma_\alpha = \frac{\sigma_x + \sigma_y}{2} + \frac{\sigma_x - \sigma_y}{2}\cos 2\alpha - \tau_x \sin 2\alpha =$$

$$\frac{-100 \text{ MPa} + 50 \text{ MPa}}{2} + \frac{-100 \text{ MPa} - 50 \text{ MPa}}{2}\cos 120° = 12.5 \text{ MPa}$$

$$\tau_\alpha = \frac{\sigma_x - \sigma_y}{2}\sin 2\alpha + \tau_x \cos \alpha = \frac{-100 \text{ MPa} - 50 \text{ MPa}}{2}\sin 120° = -65 \text{ MPa}$$

(b)：$\sigma_x = 30$ MPa，$\sigma_y = -30$ MPa，$\tau_x = 0$，$\alpha = 157.5°$

$$\sigma_\alpha = \frac{\sigma_x + \sigma_y}{2} + \frac{\sigma_x - \sigma_y}{2}\cos 2\alpha - \tau_x \sin 2\alpha =$$

$$\frac{30 \text{ MPa} + (-30) \text{ MPa}}{2} + \frac{30 \text{ MPa} - (-30) \text{ MPa}}{2}\cos 315° = 30\cos 45° = 21.2 \text{ MPa}$$

$$\tau_\alpha = \frac{\sigma_x - \sigma_y}{2}\sin 2\alpha + \tau_x \cos 2\alpha = \frac{30 \text{ MPa} - (-30) \text{ MPa}}{2}\sin 315° =$$

$$-30\sin 45° = -21.2 \text{ MPa}$$

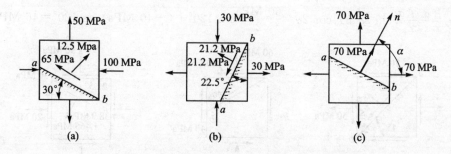

图 14-4 题 14-2 各单元体截面上应力情况图

(c)：$\sigma_x = 70$ MPa，$\sigma_y = 70$ MPa，$\tau_x = 0$

$$\sigma_\alpha = \frac{\sigma_x + \sigma_y}{2} + \frac{\sigma_x - \sigma_y}{2}\cos 2\alpha - \tau_x \sin 2\alpha =$$

$$\left(\frac{70 \text{ MPa} + 70 \text{ MPa}}{2} + \frac{70 \text{ MPa} - 70 \text{ MPa}}{2}\cos 2\alpha\right) \text{MPa} = 70 \text{ MPa}$$

$$\tau_\alpha = \frac{\sigma_x - \sigma_y}{2}\sin 2\alpha + \tau_x \cos 2\alpha = \frac{70 \text{ MPa} - 70 \text{ MPa}}{2}\sin 2\alpha = 0$$

14-3 应力状态如图 14-5(a)、(b)、(c)所示，求指定斜截面 ab 上的应力，并画在单元体上。

解： 图 14-6 为各单元体斜截面上的应力情况图。

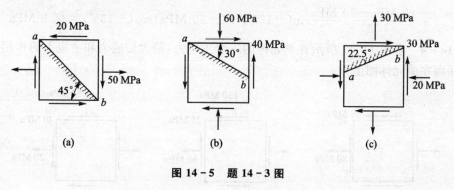

图 14-5 题 14-3 图

(a)：$\sigma_x = 50$ MPa，$\sigma_y = 0$ MPa，$\tau_x = 20$ MPa，$\alpha = 45°$

$$\sigma_\alpha = \frac{\sigma_x + \sigma_y}{2} + \frac{\sigma_x - \sigma_y}{2}\cos 2\alpha - \tau_x \sin 2\alpha =$$

$$\frac{50 \text{ MPa}}{2} + \frac{50 \text{ MPa}}{2}\cos 90° - 20 \text{ MPa} \cdot \sin 90° = 5 \text{ MPa}$$

$$\tau_\alpha = \frac{\sigma_x - \sigma_y}{2}\sin 2\alpha + \tau_x \cos 2\alpha = \frac{50 \text{ MPa}}{2}\sin 90° + 20 \text{ MPa}\cos 90° = 25 \text{ MPa}$$

(b)：$\sigma_x = 0$ MPa，$\sigma_y = -60$ MPa，$\tau_x = -40$ MPa，$\alpha = 60°$

$$\sigma_\alpha = \frac{\sigma_x+\sigma_y}{2} + \frac{\sigma_x-\sigma_y}{2}\cos 2\alpha - \tau_x \sin 2\alpha = \frac{-60 \text{ MPa}}{2} + \frac{60 \text{ MPa}}{2}\cos 120° -$$
$$(-40 \text{ MPa})\sin 120° = -10.4 \text{ MPa}$$
$$\tau_\alpha = \frac{\sigma_x-\sigma_y}{2}\sin 2\alpha + \tau_x \cos 2\alpha = \frac{60 \text{ MPa}}{2}\sin 120° + (-40 \text{ MPa})\cos 120° = 46 \text{ MPa}$$

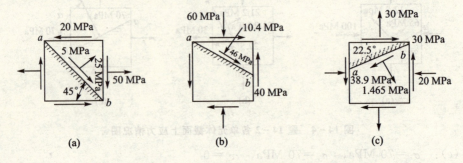

图 14-6 题 14-3 图各单元体斜截面上的应力情况图

(c)：$\sigma_x = -20 \text{ MPa}$，$\sigma_y = 30 \text{ MPa}$，$\tau_x = -30 \text{ MPa}$，$\alpha = -67.5°$

$$\sigma_\alpha = \frac{\sigma_x+\sigma_y}{2} + \frac{\sigma_x-\sigma_y}{2}\cos 2\alpha - \tau_x \sin 2\alpha =$$
$$\frac{-20 \text{ MPa} + 30 \text{ MPa}}{2} + \frac{-20 \text{ MPa} - 30 \text{ MPa}}{2}\cos(-135°) -$$
$$(-30 \text{ MPa})\sin(-135°) = 1.465 \text{ MPa}$$

$$\tau_\alpha = \frac{\sigma_x-\sigma_y}{2}\sin 2\alpha + \tau_x \cos 2\alpha =$$
$$\frac{-20 \text{ MPa} - 30 \text{ MPa}}{2}\sin(-135°) + (-30 \text{ MPa})\cos(-135°) = 38.9 \text{ MPa}$$

14-4 求图 14-7 所示各单元体的三个主应力，最大切应力和主应力的作用面方位，并画在单元体图上

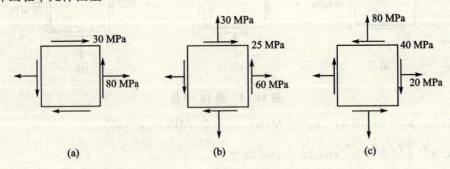

图 14-7 题 14-4 图

解：图 14-8 为题 14-4 图的各单元体的主单元体图。

(a)：$\sigma_x = 80 \text{ MPa}$，$\sigma_y = 0 \text{ MPa}$，$\tau_x = -30 \text{ MPa}$

$$\left.\begin{array}{l}\sigma_{\max}\\ \sigma_{\min}\end{array}\right\}=\frac{\sigma_x+\sigma_y}{2}\pm\sqrt{\left(\frac{\sigma_x-\sigma_y}{2}\right)^2+\tau_x^2}=$$

$$\frac{80\text{ MPa}+0}{2}\pm\sqrt{\left(\frac{80\text{ MPa}-0}{2}\right)^2+(-30\text{ MPa})^2}=(40\pm50)\text{ MPa}=\begin{cases}90\text{ MPa}\\ -10\text{ MPa}\end{cases}$$

$\sigma_1=90$ MPa, $\sigma_2=0$, $\sigma_3=-10$ MPa

主平面的方位 $\tan 2a_0=-\dfrac{2\tau_x}{\sigma_x-\sigma_y}=\dfrac{-2(-30\text{ MPa})}{80\text{ MPa}-0}=\dfrac{3}{4}$

$2a_0$ 在第一象限, $2a_0=36°52'$, $a_0=18°26'$ 对应 σ_1

$a_0'=90°+a_0=108°26'$ 对应 σ_2

即由 x 轴正向逆时针旋转 $18°26'$ 至 σ_1。

$$\tau_{\max}=\frac{\sigma_1-\sigma_3}{2}=\frac{90\text{ MPa}-(-10\text{ MPa})}{2}=50\text{ MPa}$$

(b): $\sigma_x=60$ MPa, $\sigma_y=30$ MPa, $\tau_x=-25$ MPa

$$\left.\begin{array}{l}\sigma_{\max}\\ \sigma_{\min}\end{array}\right\}=\frac{\sigma_x+\sigma_y}{2}\pm\sqrt{\left(\frac{\sigma_x-\sigma_y}{2}\right)^2+\tau_x^2}=$$

$$\frac{60\text{ MPa}+30\text{ MPa}}{2}\pm\sqrt{\left(\frac{60\text{ MPa}-30\text{ MPa}}{2}\right)^2+(-25\text{ MPa})^2}=\begin{cases}74.15\text{ MPa}\\ 15.85\text{ MPa}\end{cases}$$

$\sigma_1=74.15$ MPa, $\sigma_2=15.85$ MPa, $\sigma_3=0$

主平面的方位 $\tan 2a_0=-\dfrac{2\tau_x}{\sigma_x-\sigma_y}=\dfrac{-2(-25\text{ MPa})}{60\text{ MPa}-30\text{ MPa}}=\dfrac{5}{3}$

$2a_0$ 在第一象限, $2a_0=59°2'$, $a_0=29°31'$ 对应 σ_1

$a_0=90°+a_0=119°31'$ 对应 σ_2

即由 x 轴正向逆时针旋转 $29°31'$ 至 σ_1。

$$\tau_{\max}=\frac{\sigma_1-\sigma_3}{2}=\frac{74.15\text{ MPa}-0}{2}=37.1\text{ MPa}$$

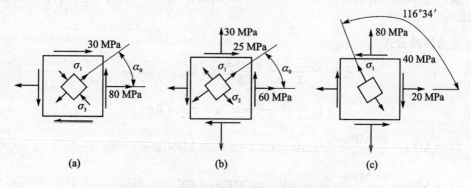

图 14-8 题 14-4 图各单元体的主单元体图

(c): $\sigma_x=20$ MPa, $\sigma_y=80$ MPa, $\tau_x=40$ MPa

$$\left.\begin{array}{l}\sigma_{\max}\\ \sigma_{\min}\end{array}\right\} = \frac{\sigma_x + \sigma_y}{2} \pm \sqrt{\left(\frac{\sigma_x - \sigma_y}{2}\right)^2 + \tau_x^2} =$$

$$\frac{20\text{ MPa} + 80\text{ MPa}}{2} \pm \sqrt{\left(\frac{20\text{ MPa} - 80\text{ MPa}}{2}\right)^2 + (40\text{ MPa})^2} = \left\{\begin{array}{l}100\text{ MPa}\\ 0\text{ MPa}\end{array}\right.$$

$\sigma_1 = 100$ MPa, $\sigma_2 = 0$, $\sigma_3 = 0$

主平面的方位

$$\tan 2a_0 = -\frac{2\tau_x}{\sigma_x - \sigma_y} = \frac{-2 \times 40\text{ MPa}}{20\text{ MPa} - 80\text{ MPa}} = \frac{-80}{-60} = \frac{4}{3}$$

$2a_0$ 在第三象限 $2a_0 = 50°8' + 180°$, $a_0 = 116°34'$ 对应 σ_1

$\quad\quad\quad\quad\quad\quad\quad a_0' = a_0 - 90° = 26°34'$ 对应 σ_2

即由 x 轴正向逆时针旋转 $116°34'$ 至 σ_1,即

$$\tau_{\max} = \frac{\sigma_1 - \sigma_3}{2} = \frac{100\text{ MPa} - 0\text{ MPa}}{2} = 50\text{ MPa}$$

14-5 已知一点为平面应力状态,过该点两平面的应力如图 14-9 所示,求 σ_a 及主应力、主方向和最大切应力。

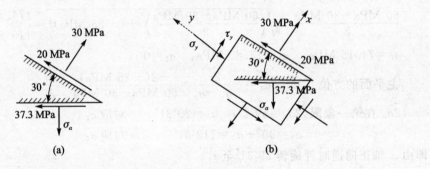

图 14-9 题 14-5 图

解: $\sigma_x = 30$ MPa, $\sigma_y = ?$ $\tau_x = -20$ MPa, $\alpha = -150°$, $\tau_a = 37.3$ MPa, $\sigma_a = ?$

应力转换公式

$$\sigma_a = \frac{\sigma_x + \sigma_y}{2} + \frac{\sigma_x - \sigma_y}{2}\cos 2\alpha - \tau_x \sin 2\alpha$$

$$\tau_a = \frac{\sigma_x - \sigma_y}{2}\sin 2\alpha + \tau_x \cos 2\alpha$$

$$37.3\text{ MPa} = \frac{30\text{ MPa} - \sigma_y}{2}\sin(-300°) + (-20\text{ MPa})\cos(-300°)$$

$$37.3\text{ MPa} = \frac{30\text{ MPa} - \sigma_y}{2}\sin 60° - 20\text{ MPa}\cos 60°$$

$\sigma_y = -79.238$ MPa

$$\sigma_a = \frac{30\text{ MPa} + (-79.238\text{ MPa})}{2} + \frac{30\text{ MPa} - (-79.238\text{ MPa})}{2}\cos(-300°) -$$

第14章 应力状态和强度理论

$(-20 \text{ MPa})\sin(-300°) = 20.01 \text{ MPa}$

$\left.\begin{array}{c}\sigma_{\max} \\ \sigma_{\min}\end{array}\right\} = \frac{\sigma_x + \sigma_y}{2} \pm \sqrt{\left(\frac{\sigma_x - \sigma_y}{2}\right)^2 + \tau_x^2} =$

$\frac{30 \text{ MPa} + (-79.238 \text{ MPa})}{2} \pm \sqrt{\left(\frac{30 \text{ MPa} - (-79.238 \text{ MPa})}{2}\right)^2 + (-20 \text{ MPa})^2} =$

$-24.619 \text{ MPa} \pm 58.168 \text{ MPa} = \begin{cases} 33.544 \text{ MPa} \\ -82.782 \text{ MPa} \end{cases}$

$\sigma_1 = 33.544 \text{ MPa}, \quad \sigma_2 = 0 \text{ MPa}, \quad \sigma_3 = -82.782 \text{ MPa}$

主平面的位置

$\tan 2\alpha_0 = -\frac{2\tau_x}{\sigma_x - \sigma_y} = \frac{-2 \times (-20 \text{ MPa})}{30 \text{ MPa} - (-79.238 \text{ MPa})} = 0.3662$

$2\alpha_0 = 20°6', \quad \alpha_0 = 10°3'$

即由 x 轴正向逆时针旋转 $10°3'$ 至 σ_1,所以

$\tau_{\max} = \frac{\sigma_1 - \sigma_3}{2} = \frac{33.544 \text{ MPa} - (-82.782 \text{ MPa})}{2} = 58.163 \text{ MPa}$

14-6 一圆轴受力如图 14-10 所示,已知固定端横截面上的最大弯曲正应力为 40 MPa,最大扭转切应力为 30 MPa,因剪切而引起的最大切应力为 6 kPa。试

(1) 用单元体画出 A、B、C、D 各点的应力状态;

(2) 求 A 点的主应力和最大切应力及主平面的方位。

解:(1)图 14-11 为题 14-6 图中的 A、B、C、D 各点的应力状态图。

(2) A 点从上向下投影,如图 14-12 所示。

$\sigma_x = 40 \text{ MPa}, \quad \sigma_y = 0 \text{ MPa}, \quad \tau_x = -30 \text{ MPa}$

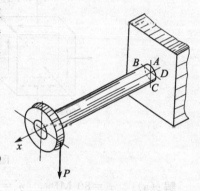

图 14-10 题 14-6 图

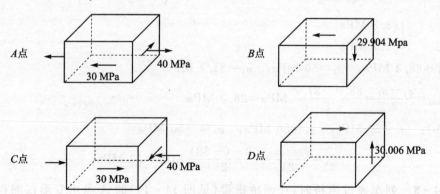

图 14-11 A、B、C、D 各点应力状态

$$\left.\begin{matrix}\sigma_{max}\\ \sigma_{min}\end{matrix}\right\}=\frac{\sigma_x+\sigma_y}{2}\pm\sqrt{\left(\frac{\sigma_x-\sigma_y}{2}\right)^2+\tau_x^2}=$$

$$\frac{40\ \text{MPa}+0\ \text{MPa}}{2}\pm\sqrt{\left(\frac{40\ \text{MPa}-0\ \text{MPa}}{2}\right)^2+(-30\ \text{MPa})^2}=\begin{cases}56.1\ \text{MPa}\\ -16.1\ \text{MPa}\end{cases}$$

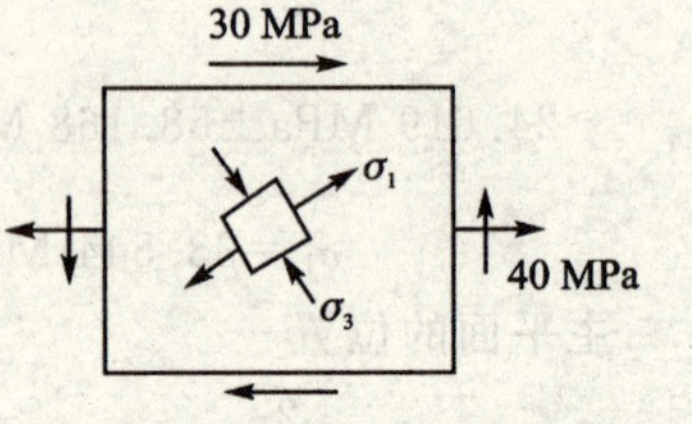

图 14-12 A 点的应力及主平面方位

$\sigma_1=56.1\ \text{MPa}$， $\sigma_2=0\ \text{MPa}$， $\sigma_3=-16.1\ \text{MPa}$

$$\tan 2\alpha_0=-\frac{2\tau_x}{\sigma_x-\sigma_y}=\frac{-2\cdot(-30\ \text{MPa})}{40\ \text{MPa}-0\ \text{MPa}}=\frac{3}{2}$$

$2\alpha_0$ 在第一象限，$2\alpha_0=56°18'$，$\alpha_0=28°9'$ 对应 σ_1。

$$\tau_{max}=\frac{\sigma_1-\sigma_3}{2}=\frac{56.1\ \text{MPa}-(-16.1\ \text{MPa})}{2}=$$

36.1 MPa

14-7 求如图 14-13 所示各应力状态的主应力和最大切应力。

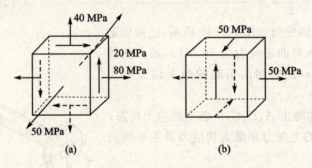

图 14-13 题 14-7 图

解：(a)： $\sigma_x=80\ \text{MPa}$， $\sigma_y=40\ \text{MPa}$， $\tau_x=-20\ \text{MPa}$

$$\left.\begin{matrix}\sigma_{max}\\ \sigma_{min}\end{matrix}\right\}=\frac{\sigma_x+\sigma_y}{2}\pm\sqrt{\left(\frac{\sigma_x-\sigma_y}{2}\right)^2+\tau_x^2}=\frac{80+40}{2}\ \text{MPa}\pm\sqrt{\left(\frac{80-40}{2}\ \text{MPa}\right)^2+(-20\ \text{MPa})^2}$$

$$=\begin{cases}88.3\ \text{MPa}\\ 31.7\ \text{MPa}\end{cases}$$

$\sigma_1=88.3\ \text{MPa}$， $\sigma_2=50\ \text{MPa}$， $\sigma_3=31.7\ \text{MPa}$

$$\tau_{max}=\frac{\sigma_1-\sigma_3}{2}=\frac{88.3-31.7}{2}\ \text{MPa}=28.3\ \text{MPa}$$

(b)： $\sigma_1=50\ \text{MPa}$， $\sigma_2=50\ \text{MPa}$， $\sigma_3=-50\ \text{MPa}$

$$\tau_{max}=\frac{\sigma_1-\sigma_3}{2}=\frac{50-(-50)}{2}\ \text{MPa}=50\ \text{MPa}$$

14-8 列车通过钢桥时，在钢桥横梁(见图 14-14)的 A 点用变形仪测得 $\varepsilon_x=0.000\ 4$，$\varepsilon_y=-0.000\ 12$。求 A 点在 $x-x$ 及 $y-y$ 方向的正应力。设 $E=200\ \text{GPa}$，$\mu=0.3$，问能否求出 A 点的主应力？

解：$\varepsilon_x = \dfrac{1}{E}(\sigma_x - \mu\sigma_y)$, $\varepsilon_y = \dfrac{1}{E}(\sigma_y - \mu\sigma_x)$

$\sigma_x = \dfrac{E}{1-\mu^2}(\varepsilon_x + \mu\varepsilon_y) = \dfrac{200\times 10^3 \text{ MPa}}{1-0.3^2}$

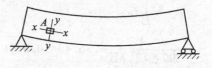

图 14-14 题 14-8 图

$(0.0004 - 0.3\times 0.00012) = 80$ MPa

$\sigma_y = \dfrac{E}{1-\mu^2}(\varepsilon_y + \mu\varepsilon_x) = \dfrac{200\times 10^3 \text{ MPa}}{1-0.3^2}$

$(-0.00012 + 0.3\times 0.0004) = 0$ MPa

因 τ_x 未知，故求不出主应力。

14-9 在一体积较大的钢块上（见图 14-15）开一个贯穿的槽，其宽度都是 10 mm。在槽内紧密无隙地嵌入一铝制立方块，它的尺寸是 10 mm×10 mm×10 mm。当铝块受到压力 $F = 6$ kN 的作用时，假设钢块不变形。铝的弹性模量 $E = 70$ GPa，$\mu = 0.33$。试求铝块的三个主应力及相应的变形。

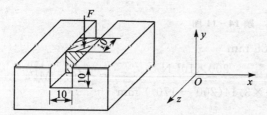

图 14-15 题 14-9 图

解：$\sigma_z = 0$,

$\sigma_y = \dfrac{F}{A} = -\dfrac{6\times 10^3 \text{ N}}{(10\times 10) \text{ mm}^2} = -60$ MPa

$\varepsilon_x = \dfrac{1}{E}[\sigma_x - \mu(\sigma_y + \sigma_z)] = 0$

$\sigma_x = \mu(\sigma_y + \sigma_z) = 0.33\times(-60 \text{ MPa}) = -19.8$ MPa

$\sigma_1 = \sigma_z = 0$, $\sigma_2 = \sigma_x = -19.8$ MPa, $\sigma_3 = \sigma_y = -60$ MPa

$\varepsilon_1 = \dfrac{1}{E}[\sigma_1 - \mu(\sigma_2 + \sigma_3)] = \dfrac{1}{70\times 10^3 \text{ MPa}}[0 - 0.33(-19.8-60)]$ MPa $= 3.76\times 10^{-4}$

$\varepsilon_2 = 0$,

$\varepsilon_3 = \dfrac{1}{E}[\sigma_3 - \mu(\sigma_1 + \sigma_2)] = \dfrac{1}{70\times 10^3 \text{ MPa}}[-60 - 0.33(0-19.8)]$ MPa $= -7.64\times 10^{-4}$

$\Delta l_1 = \varepsilon_1 l = 3.76\times 10^{-4}\times 10$ mm $= 3.76\times 10^{-3}$ mm, $\Delta l_2 = 0$

$\Delta l_3 = \varepsilon_3 l = -7.64\times 10^{-4}\times 10$ mm $= -7.64\times 10^{-3}$ mm

14-10 从钢构件内某一点的周围取出一部分如图 14-16。根据理论计算已经求得 $\sigma = 30$ MPa，$\tau = 15$ MPa。材料的 $E = 200$ GPa，$\mu = 0.30$。试求对角线 AC 的长度改变 Δl。

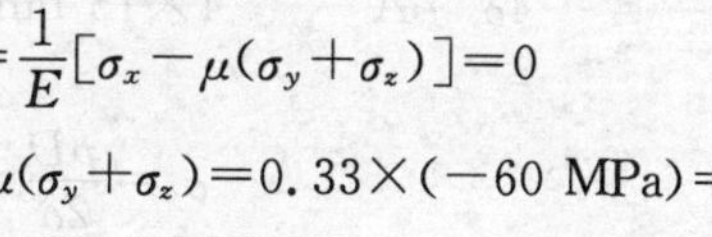

解：$\sigma_x = \sigma = 30$ MPa, $\sigma_y = 0$, $\tau_x = -15$ MPa

$\sigma_{30°} = \left(\dfrac{30+0}{2}\right)$ MPa $+ \left(\dfrac{30-0}{2}\right)$ MPa$\cos 60° -$

$(-15$ MPa$)\sin 60° = 35.49$ MPa

图 14-16 题 14-10 图

$\sigma_{120°} = \dfrac{30+0}{2}$ MPa $+ \dfrac{30-0}{2}$ MPa$\cos 240° - (-15$ MPa$)\sin 240° = -5.49$ MPa

$$\varepsilon_{30°} = \frac{1}{E}(\sigma_{30°} - \mu\sigma_{120°}) =$$

$$\frac{1}{200\times10^3 \text{ MPa}}[35.49 - 0.3\times(-5.49)] \text{ MPa} = 1.857\times10^{-4}$$

$$\Delta l = \overline{AC}\times\varepsilon_{30°} = 25\times2\times1.857\times10^{-4} \text{ mm} = 9.29\times10^{-3} \text{ mm}$$

14-11 铸铁薄管如图 14-17 所示。管的外径为 200 mm,壁厚 $\delta = 15$ mm,内压 $p=4$ MPa,$F=200$ kN。铸铁的抗拉及抗压许用应力分别为 $[\sigma_t] = 30$ MPa、$[\sigma_c] = 120$ MPa,$\mu = 0.25$。试用第二强度理论校核薄管的强度。

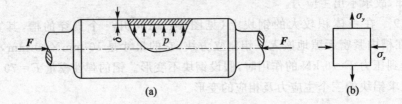

图 14-17 题 14-11 图

解:平均直径 $D = (200 - 15) \text{ mm} = 185 \text{ mm}$

$$\sigma_x = \frac{pD}{4\delta} - \frac{F}{A} = \frac{4 \text{ MPa}\times185 \text{ mm}}{4\times15 \text{ mm}} - \frac{200\times10^3 \text{ N}}{\frac{1}{4}\times3.14(200^2-170^2) \text{ mm}^2} = -10.6 \text{ MPa}$$

$$\sigma_y = \frac{pD}{2\delta} = \frac{4 \text{ MPa}\times185 \text{ mm}}{2\times15 \text{ mm}} = 24.7 \text{ MPa}$$

$$\sigma_1 = 24.7 \text{ MPa}, \quad \sigma_2 = 0 \text{ MPa}, \quad \sigma_3 = -10.6 \text{ MPa}$$

$$\sigma_{r2} = \sigma_1 - \mu(\sigma_2 + \sigma_3) = 24.7 \text{ MPa} - 0.25(0 - 10.6) \text{ MPa} = 27.4 \text{ MPa} < [\sigma_t]$$

14-12 钢制圆柱形薄壁容器,直径为 800 mm,壁厚 $\delta = 4$ mm,$[\sigma] = 120$ MPa,试用强度理论确定允许承受的最大内压力 p。

解:$\sigma_1 = \frac{pD}{2\delta} = \frac{800p}{2\times4} = 100p, \quad \sigma_2 = \frac{pD}{4\delta} = \frac{800p}{4\times4} = 50p, \quad \sigma_3 = 0$

按第三强度理论

$\sigma_{r3} = \sigma_1 - \sigma_3 = 100p \leq [\sigma]$,即 $100p \leq 120$,$p \leq 1.2$ MPa,因此取 $p = 1.2$ MPa。

按第四强度理论

$$\sigma_{r4} = \frac{1}{\sqrt{2}}\sqrt{(\sigma_1-\sigma_2)^2 + (\sigma_2-\sigma_3)^2 + (\sigma_3-\sigma_1)^2} \leq [\sigma]$$

$$\frac{1}{\sqrt{2}}\sqrt{(50p)^2 + (50p)^2 + (100p)^2} \leq 120, \quad \frac{50\sqrt{6}}{\sqrt{2}}p \leq 120$$

$p \leq 1.386$ MPa,因此取 $p = 1.386$ MPa。

第 15 章 组合变形

15.1 重点内容提要

15.1.1 组合变形杆件强度的计算方法

在小变形和线弹性条件下,杆件上各种外力的作用彼此独立,互不影响,因此可以采用叠加法对其进行强度分析。

15.1.2 拉伸、压缩与弯曲的组合变形

1. 受力形式

产生拉伸、压缩与弯曲组合变形的受力形式有两种:
(1) 轴向载荷与横向载荷同时作用;
(2) 不通过截面形心的纵向载荷,即偏心拉伸或压缩。

2. 强度条件

塑性材料

$$|\sigma|_{\max} \leqslant [\sigma]$$

脆性材料

$$\sigma_{t,\max} \leqslant [\sigma_t], \quad \sigma_{t,\max} \leqslant [\sigma_c]$$

15.1.3 弯曲与扭转的组合变形

1. 圆截面杆弯曲与扭转组合变形的强度条件

$$\sigma_{r3} = \frac{1}{W}\sqrt{M^2 + T^2} \leqslant [\sigma], \quad \sigma_{r3} = \frac{1}{W}\sqrt{M^2 + 0.75T^2} \leqslant [\sigma]$$

2. 正应力、切应力同时存在时的强度条件

$$\sigma_{r3} = \sqrt{\sigma^2 + 4\tau^2} \leqslant [\sigma], \quad \sigma_{r4} = \sqrt{\sigma^2 + 3\tau^2} \leqslant [\sigma]$$

15.2 综合训练解析

15-1 图 15-1 所示起重架的最大起吊重量(包括行走小车等)为 $P = 40 \text{ kN}$,横梁 AC 由两根 NO.18 槽钢组成,材料为 Q235 钢,许用应力 $[\sigma] = 120 \text{ MPa}$。试校核横梁的强度。

解：取横梁 AC 分析，其结构和受力简图如图所示，查型钢表可知：

$W = 152 \text{ cm}^3, \quad A = 29.299 \text{ cm}^2,$

$\sum M_c = 0, \quad Fl\sin 30° - Px = 0,$

$F = \dfrac{Px}{l\sin 30°} = \dfrac{2Px}{l}$

此时横梁的变形为压缩与弯曲的组合变形。

$F_N = F\cos 30° = \dfrac{\sqrt{3}x}{l}P,$

$M = F\sin 30°(l-x) = \dfrac{P}{l}x(l-x) = \dfrac{x(l-x)}{l}P$

$\sigma = \dfrac{M}{2W} + \dfrac{F_N}{2A} = \dfrac{x(l-x)}{2lW}P + \dfrac{\sqrt{3}x}{2lA}P$

最大应力发生的截面位置 x 为

$\dfrac{d\sigma}{dx} = \dfrac{P}{2lW}(-2x+l) + \dfrac{\sqrt{3}P}{2lA} = 0$

$x = \dfrac{1}{2}\left(l + \dfrac{\sqrt{3}W}{A}\right) =$

$\dfrac{1}{2}\left(3.5 + \dfrac{\sqrt{3} \times 152 \times 10^{-6}}{29.299 \times 10^{-4}}\right) \text{ m} = 1.795 \text{ m}$

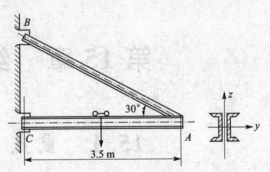
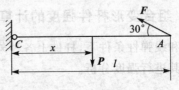

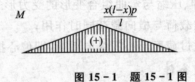

图 15-1 题 15-1 图

此截面上的内力

$F_N = \dfrac{\sqrt{3}x}{l}P = \dfrac{1.732 \times 1.795 \text{ m}}{3.5 \text{ m}} \times 40 \text{ kN} = 35.53 \text{ kN}$

$M = \dfrac{x(l-x)}{l}P = \dfrac{1.795 \text{ m} \times (3.5 \text{ m} - 1.795 \text{ m})}{3.5 \text{ m}} \times 40 \text{ kN} = 35 \text{ kN} \cdot \text{m}$

$\sigma_{\max} = \dfrac{M}{2W} + \dfrac{F_N}{2A} = \dfrac{35 \times 10^3 \text{ N} \cdot \text{m}}{2 \times 152 \times 10^{-6} \text{ m}^3} + \dfrac{35.53 \times 10^3 \text{ N}}{2 \times 29.299 \times 10^{-4} \text{ m}^2} =$

$(115.131\,578\,9 \times 10^6 + 6.063\,346\,9 \times 10^6) \text{ Pa} = 121.19 \times 10^6 \text{ Pa} = 121.19 \text{ MPa}$

$\dfrac{\sigma_{\max} - [\sigma]}{[\sigma]} \times 100\% = \dfrac{121.19 \text{ MPa} - 120 \text{ MPa}}{120 \text{ MPa}} \times 100\% = 0.99\%$

最大应力超过许用应力 $0.99\% < 5\%$，工程中仍可使用。

15-2 拆卸工具的爪（见图 15-2(a)）由 45 号钢制成，其许用应力 $[\sigma] = 180 \text{ MPa}$，试按爪的强度确定工具的最大顶压力 $F_{\max}$。

解： $M = \dfrac{1}{2}F \times 32 = 16\,F(\text{N} \cdot \text{mm}), \quad F_N = \dfrac{1}{2}F, \quad \sigma_{\max} = \dfrac{F_N}{A} + \dfrac{M}{W} \leqslant [\sigma]$

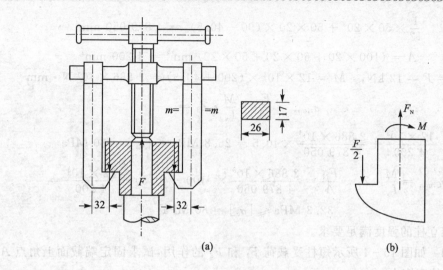

图 15-2 题 15-2 图

即 $\dfrac{F}{2(26\times 17)}+\dfrac{16F}{\dfrac{1}{6}\times 17\times 26^2}\leqslant 180$，$\left(0.5+\dfrac{16\times 6}{26}\right)F\leqslant 180\times 17\times 26$

$$F\leqslant 19\times 10^3 \text{ N}, \quad F_{\max}=19 \text{ kN}$$

15-3 材料为灰铸铁 HT15-33 的压力机框架如图 15-3(a)所示。许用拉应力为$[\sigma_t]=30$ MPa，许用压应力为$[\sigma_c]=80$ MPa。试校核框架立柱的强度。

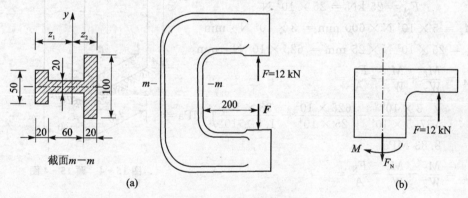

图 15-3 题 15-3 图

解：

$$Z_2=\left(\dfrac{100\times 20\times 10+60\times 20\times 50+20\times 50\times 90}{100\times 20+60\times 20+20\times 50}\right) \text{ mm}=40.5 \text{ mm}$$

$$I_y=\dfrac{1}{12}\times 100\times 20^3+100\times 20\times (40.5-10)^2+$$

$$\dfrac{1}{12}\times 20\times 60^3+60\times 20\times (50-40.5)^2+$$

$$\frac{1}{12} \times 50 \times 20^3 + 50 \times 20 \times (90 - 40.5)^2 = 4\ 879\ 050\ \text{mm}^4$$

$$A = (100 \times 20 + 60 \times 20 + 50 \times 20)\ \text{mm}^2 = 4\ 200\ \text{mm}^2$$

$$F_N = F = 12\ \text{kN}, \quad M = 12 \times 10^3 \times (200 + 40.5) = 2\ 886 \times 10^3\ \text{N} \cdot \text{mm}$$

$$\sigma_{t,\max} = \frac{F_N}{A} + \frac{M}{I_y} \cdot Z_2 =$$

$$\frac{12 \times 10^3}{4\ 200} + \frac{2\ 886 \times 10^3}{4\ 879\ 050} \times 40.5 = 26.8\ \text{MPa} \leqslant [\sigma_t] = 30\ \text{MPa}$$

$$\sigma_{C,\max} = \frac{M}{I_y} \cdot Z_1 - \frac{F_N}{A} = \frac{2\ 886 \times 10^3}{4\ 879\ 050} \times (100 - 40.5) - \frac{12 \times 10^3}{4\ 200} =$$

$$32.3\ \text{MPa} \leqslant [\sigma_c] = 80\ \text{MPa}$$

所以,框架立柱的强度满足要求。

15-4 如图15-4所示短柱受载荷 F_1 和 F_2 的作用,试求固定端截面上角点 A、B、C 及 D 的正应力。

解: $A = 150\ \text{mm} \times 100\ \text{mm} = 1.5 \times 10^4\ \text{mm}^2$

$W_z = \frac{1}{6} \times 100\ \text{mm} \times 150^2\ \text{mm} = 37.5 \times 10^4\ \text{mm}^3$

$W_y = \frac{1}{6} \times 150\ \text{mm} \times 100^2\ \text{mm} = 25 \times 10^4\ \text{mm}^3$

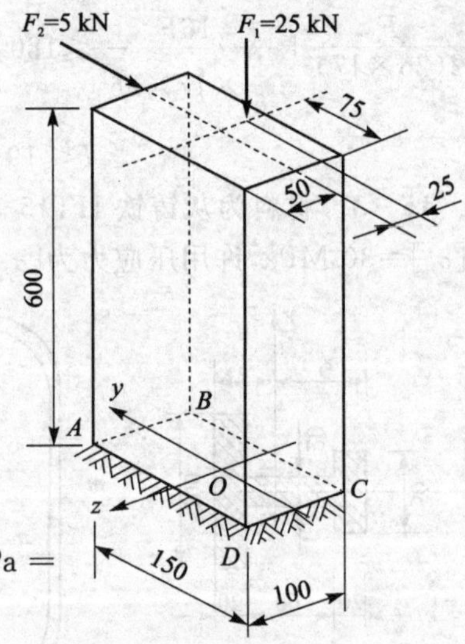

固定端截面上的内力:

$$F_N = 25\ \text{kN} = 25 \times 10^3\ \text{N}$$

$$M_z = 5 \times 10^3\ \text{N} \times 600\ \text{mm} = 3 \times 10^6\ \text{N} \cdot \text{mm}$$

$$M_y = 25 \times 10^3\ \text{N} \times 25\ \text{mm} = 625 \times 10^3\ \text{N} \cdot \text{mm}$$

$$\sigma_A = \frac{M_z}{W_z} + \frac{M_y}{W_y} - \frac{F_N}{A} =$$

$$\left(\frac{3 \times 10^6}{37.5 \times 10^4} + \frac{625 \times 10^3}{25 \times 10^4} - \frac{25 \times 10^3}{1.5 \times 10^4}\right)\ \text{MPa} =$$

$$8.83\ \text{MPa}$$

$$\sigma_B = \frac{M_z}{W_z} - \frac{M_y}{W_y} - \frac{F_N}{A} =$$

图15-4 题15-4图

$$\left(\frac{3 \times 10^6}{37.5 \times 10^4} - \frac{625 \times 10^3}{25 \times 10^4} - \frac{25 \times 10^3}{1.5 \times 10^4}\right)\ \text{MPa} = 3.83\ \text{MPa}$$

$$\sigma_C = -\frac{M_z}{W_z} - \frac{M_y}{W_y} - \frac{F_N}{A} = -\left(\frac{3 \times 10^6}{37.5 \times 10^4} + \frac{625 \times 10^3}{25 \times 10^4} + \frac{25 \times 10^3}{1.5 \times 10^4}\right)\ \text{MPa} = 12.2\ \text{MPa}$$

$$\sigma_D = -\frac{M_z}{W_z} + \frac{M_y}{W_y} - \frac{F_N}{A} =$$

$$\left(-\frac{3 \times 10^6}{37.5 \times 10^4} + \frac{625 \times 10^3}{25 \times 10^4} - \frac{25 \times 10^3}{1.5 \times 10^4}\right)\ \text{MPa} = -7.17\ \text{MPa}$$

15-5 如图 15-5 所示钻床的立柱为铸铁制成，$F=15$ kN，许用拉应力 $[\sigma_t]=35$ MPa。试确定立柱所需的直径 d。

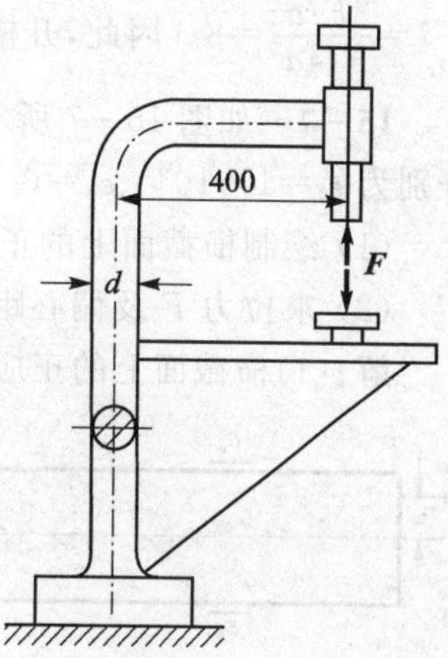

解：立柱的变形为拉伸与弯曲的组合的变形

$$F_N = F = 15 \text{ kN} = 15 \times 10^3 \text{ N}$$

$$M = 15 \times 10^3 \text{ N} \times 400 \text{ mm} = 6 \times 10^6 \text{ N} \cdot \text{mm}$$

$$\sigma_{max} = \frac{M}{W} + \frac{F_N}{A} \leqslant [\sigma_t]$$

只考虑弯曲时：

$$\frac{M}{\pi d^3/32} \leqslant [\sigma_t]$$

$$d \geqslant \sqrt[3]{\frac{32M}{\pi[\sigma_t]}} = \sqrt[3]{\frac{32 \times 6 \times 10^6}{3.14 \times 35}} \text{ mm} = 120.44 \text{ mm}$$

图 15-5 题 15-5 图

取 $d=122$ mm，校核立柱的强度

$$\sigma_{t,max} = \frac{M}{W} + \frac{F_N}{A} = \frac{32 \times 6 \times 10^6}{3.14 \times 122^3} + \frac{4 \times 15 \times 10^3}{3.14 \times 122^2} =$$

$$(33.674 + 1.284) \text{ MPa} = 34.958 \text{ MPa} < [\sigma_t] = 35 \text{ MPa}$$

经以上计算，强度满足要求，因此，立柱直径选 $d=122$ mm。

15-6 若在正方形截面短柱的中间开一个如图 15-6 所示的槽，使横截面面积减小为原来截面面积的一半。试问最大压应力将比不开槽时增大几倍？

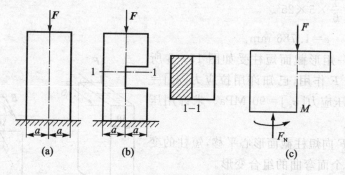

图 15-6 题 15-6 图

解：未开槽时，$\sigma = \frac{F_N}{A} = \frac{F}{4a^2}$

开槽后，截面上的内力为

$$F_N = F, \quad M = \frac{1}{2}Fa$$

$$\sigma_{max} = \frac{F}{A} + \frac{M}{W} = \frac{F}{2a^2} + \frac{\frac{1}{2}Fa}{\frac{1}{6} \times 2a \times a^2} = \frac{F}{2a^2} + \frac{3F}{2a^2} = \frac{2F}{a^2}$$

$\dfrac{\sigma_{\max}}{\sigma} = \dfrac{2F/a^2}{F/4a^2} = 8$。因此，开槽后的最大压应力比不开槽时增大 7 倍。

15-7 如图 15-7 所示一矩形截面杆，用应变片测得杆件上、下表面的轴向应变分别为 $\varepsilon_a = 1 \times 10^{-3}$、$\varepsilon_b = 0.4 \times 10^{-3}$，材料的弹性模量 $E = 210$ GPa。试

(1) 绘制横截面上的正应力分布图。

(2) 求拉力 F 及偏心距 e 的数值。

解：(1) 横截面上的正应力分布如图 15-7(b)所示。

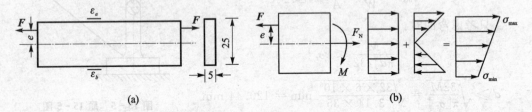

图 15-7 题 15-7 图

(2) $\sigma_{\max} = \dfrac{F_N}{A} + \dfrac{M}{W} = \varepsilon_a E$，$\sigma_{\min} = \dfrac{F_N}{A} - \dfrac{M}{W} = \varepsilon_b E$，$F_N = F$，$M = Fe$

$$\begin{cases} \dfrac{F}{5 \times 25} + \dfrac{Fe}{\dfrac{1}{6} \times 5 \times 25^2} = 1 \times 10^{-3} \times 210 \times 10^3 \\ \dfrac{F}{5 \times 25} - \dfrac{Fe}{\dfrac{1}{6} \times 5 \times 25^2} = 0.4 \times 10^{-3} \times 210 \times 10^3 \end{cases}$$

$F = 18\ 375$ N，$e = 1.786$ mm。

15-8 一矩形截面短柱受如图 15-8 所示的偏心压力 F 作用，已知许用拉应力 $[\sigma_t] = 30$ MPa，许用压应力 $[\sigma_c] = 90$ MPa。求许用压力 $[F]$。

解：将力 F 向短柱截面形心平移，短柱的变形为压缩与两个面弯曲的组合变形。

其截面上的内力为

$F_N = F$，$M_y = 25F$ (N·mm)

$M_z = 75F$ (N·mm)

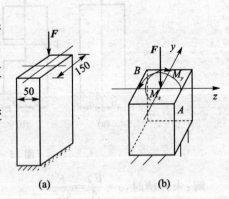

图 15-8 题 15-8 图

$W_y = \dfrac{1}{6} \times 150$ mm $\times 50^2$ mm $= 62\ 500$ mm^3

$W_z = \dfrac{1}{6} \times 50$ mm $\times 150^2$ mm $= 187\ 500$ mm^3

$A = 150$ mm $\times 50$ mm $= 7\ 500$ mm^2

最大拉应力发生在 A 点所在的棱上的各点，最大压应力发生在 B 点所在的棱上各点，即

$$\sigma_{t,\max} = \frac{M_y}{W_y} + \frac{M_z}{W_z} - \frac{F_N}{A} \leqslant [\sigma_t]$$

$$\frac{25F}{62\,500} + \frac{75F}{187\,500} - \frac{F}{7\,500} \leqslant 30$$

$$F \leqslant 45 \times 10^3 \text{ N}$$

$$\sigma_{c,\max} = \frac{M_y}{W_y} + \frac{M_z}{W_z} + \frac{F_N}{A} \leqslant [\sigma_c]$$

$$\frac{25F}{62\,500} + \frac{75F}{187\,500} + \frac{F}{7\,500} \leqslant 90$$

$$F \leqslant 96.4 \times 10^3 \text{ N}$$

所以,许用压力$[F] = 45$ kN。

15-9 加热炉门的升降装置如图 15-9 所示。轴 AB 的直径 $d=4$ cm,CD 为 4×2 cm^2 的矩形截面杆,材料都是 Q235 钢,$\sigma_s = 240$ MPa,已知 $F = 200$ N。

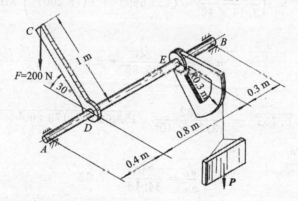

图 15-9 题 15-9 图

(1) 试求杆 CD 的最大正应力;
(2) 求轴 AB 的工作安全系数。

解:(1) CD 杆的变形形式是压缩与弯曲的组合变形,D 截面为危险截面,其内力为

$$F_N = F \times \cos 60° = 200 \text{ N} \times \frac{1}{2} = 100 \text{ N}$$

$$M = F\sin 60° \cdot CD = 200 \text{ N} \times \frac{\sqrt{3}}{2} \times 1\,000 \text{ mm} = 1.732 \times 10^5 \text{ N} \cdot \text{mm}$$

最大正应力为

$$\sigma_{\max} = -\frac{F}{A} - \frac{M}{W} = -\frac{100 \text{ N}}{40 \times 20 \text{ mm}^2} - \frac{1.732 \times 10^5 \text{ N} \cdot \text{mm}}{\frac{1}{6} \times 20 \times 40^2 \text{ mm}^3} = -32.6 \text{ MPa}$$

(2) 轴 AB 的计算简图如图 15-10 所示。

$F = 200$ N, $M_e = 200$ N$\sin 60° \times 1\,000$ mm $= 1.732 \times 10^5$ N $\cdot$ mm

$M_e = 300$ mm $P = 1.732 \times 10^5$ N $\cdot$ mm, $P = 577.33$ N

$$\sum M_B = 0, \quad -1.5F_A + 1.1F + 0.3P = 0$$

$$F_A = \frac{1}{1.5}(1.1 \times 200 + 0.3 \times 577.33) \text{ N} = 262.13 \text{ N}$$

$$\sum F_y = 0, \quad F_A + F_B - F - P = 0$$

$$F_B = 200 \text{ N} + 577.33 \text{ N} - 262.13 \text{ N} = 512.2 \text{ N}$$

D、E 两截面上的弯矩为

$$M_D = 262.13 \text{ N} \times 400 \text{ mm} = 104\,852 \text{ N} \cdot \text{mm}$$
$$M_E = 512.12 \text{ N} \times 300 \text{ mm} = 153\,660 \text{ N} \cdot \text{mm}$$

DE 段截面上的扭矩

$$T = M_e = 1.732 \times 10^5 \text{ N} \cdot \text{mm}$$

E 截面为危险截面:按第三强度理论

$$\sigma_{r3} = \frac{1}{W}\sqrt{M^2 + T^2} = \left(\frac{32}{3.14 \times 40^3}\sqrt{(153\,660)^2 + (173\,200)^2}\right) \text{ MPa} = 36.85 \text{ MPa}$$

工作安全系数

$$n = \frac{\sigma_s}{\sigma_{r3}} = \frac{240}{36.85} = 6.5$$

第四强度理论

$$\sigma_{r4} = \frac{1}{W}\sqrt{M^2 + 0.75T^2} = \left(\frac{32}{3.14 \times 40^3}\sqrt{153\,660^2 + 173\,200^2 \times 0.75}\right) \text{ MPa} = 34.18 \text{ MPa}$$

$$n = \frac{\sigma_s}{\sigma_{r4}} = \frac{240}{34.18} = 7.02$$

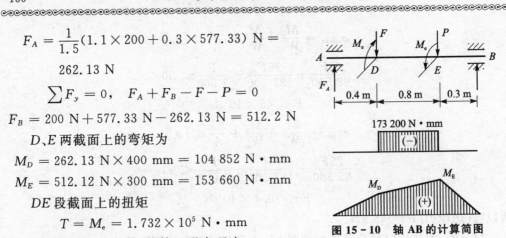

图 15-10 轴 AB 的计算简图

15-10 一轴上装有两个圆轮(见图 15-11),F、P 两力分别作用于两轮上并处于平衡状态。圆轴直径 $d=110$ mm,$[\sigma]=60$ MPa。试按第四强度理论确定许用载荷 $[F]$。

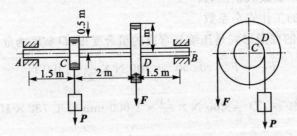

图 15-11 题 15-10 图

解:将力 F 和 P 向轴 AB 平移,得如图 15-12 所示计算简图。

$$P \times 0.5 = F \times 1, \quad P = 2F$$

$$\sum M_B = 0, \quad 3.5P + 1.5F - 5F_A = 0$$

$$F_A = \frac{1}{5}(3.5 \times 2F + 1.5F) = 1.7F$$

$$\sum F_y = 0, \quad F_A + F_B - P - F = 0$$
$$F_B = 2F + F - 1.7F = 1.3F$$
$$M_C = 1.7F \times 1.5 = 2.55F(\text{N} \cdot \text{m})$$
$$M_D = 1.3F \times 1.5 = 1.95F(\text{N} \cdot \text{m})$$

CD 段截面上的扭矩 $T = M_e = 1 \times F(\text{N} \cdot \text{m})$

C 截面为危险截面

$$\sigma_{r4} = \frac{1}{W}\sqrt{M^2 + 0.75T^2} \leqslant [\sigma]$$

$$\sqrt{(2.55F)^2 + 0.75F^2} \leqslant [\sigma]W$$

$$F \leqslant \frac{60 \times 10^6 \times \frac{1}{32} \times 3.14 \times (0.11)^3}{\sqrt{2.55^2 + 0.75}} \text{N} =$$

$$2.91 \times 10^3 \text{ N}$$

所以,许用载荷 $[F] = 2.91$ kN。

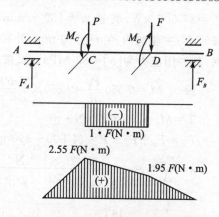

图 15-12 轴的计算简图及内力图

15-11 如图 15-13 所示,电动机的功率为 9 kW,转速 $n=715$ r/min,带轮直径 $D=250$ mm,主轴外伸部分长 $l=120$ mm,主轴直径 $d=40$ mm。若 $[\sigma]=60$ MPa,试用第三强度理论校核轴的强度。

解:将传送带的张力向轴平移,得如图 15-14 所示的主轴外伸部分的计算简图。

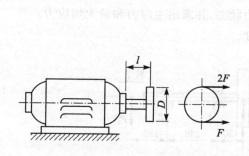

图 15-13 题 15-11 图

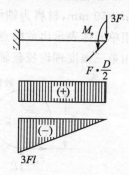

图 15-14 主轴外伸部分的计算简图

$$M_e = 9\,550\frac{P_k}{n} = 9\,550 \times \frac{9 \text{ kW}}{715 \text{ r/min}} = 120.2 \text{ N} \cdot \text{m},$$

$$F \cdot \frac{D}{2} = M_e, \quad F = \frac{2M_e}{D} = \frac{2 \times 120.2 \text{ N} \cdot \text{m}}{0.25 \text{ m}} = 961.6 \text{ N}$$

$$M_{\max} = 3Fl = 3 \times 961.6 \text{ N} \times 0.12 \text{ m} = 346.2 \text{ N} \cdot \text{m}, \quad T = M_e = 120.2 \text{ N} \cdot \text{m}$$

$$\sigma_{r3} = \frac{1}{W}\sqrt{M^2 + T^2} = \frac{32}{3.14 \times 0.04^3 \text{ m}^3}\sqrt{346.2^2 + 120.2^2} \text{ N} \cdot \text{m} =$$

$$58.36 \times 10^6 \text{ Pa} = 58.36 \text{ MPa} \leqslant [\sigma]$$

轴的强度满足要求。

15-12 某型水轮机主轴的示意图如图 15-15 所示。水轮机组的输出功率为

$P_k = 37\,500$ kW,转速 $n = 150$ r/min。已知轴向推力 $F_z = 4\,800$ kN,转轮重 $P_1 = 390$ kN;主轴的内径 $d = 340$ mm,外径 $D = 750$ mm,自重 $P = 285$ kN。主轴材料为 45 钢,其许用应力为 $[\sigma] = 80$ MPa。试按第四强度理论校核主轴的强度。

解: $M_e = 9\,550 \dfrac{P_k}{n} = 9\,550 \times \dfrac{37\,500 \text{ kW}}{150 \text{ r/min}} = 239 \times 10^4$ N·m

$T = M_e = 239 \times 10^4$ N·m

$F_N = F_z + P_1 + P = (4\,800 + 390 + 285)$ kN $= 5\,475$ kN

$\sigma = \dfrac{F_N}{A} = \dfrac{5\,475 \times 10^3 \text{ N}}{\dfrac{1}{4} \times 3.14 \times (750^2 - 340^2) \text{ mm}^2} = 15.6$ MPa

$\tau = \dfrac{T}{W_t} = \dfrac{16T}{\pi D^3 (1-\alpha^4)} = \dfrac{16 \times 239 \times 10^4 \times 10^3}{3.14 \times 750^3 \times \left[1-\left(\dfrac{340}{750}\right)^4\right]}$ MPa $= 30.1$ MPa

$\sigma_{r4} = \sqrt{\sigma^2 + 3\tau^2} = \sqrt{15.6^2 + 3 \times 30.1^2}$ MPa $= 54.4$ MPa $\leqslant [\sigma]$

根据以上计算,主轴的强度满足要求。

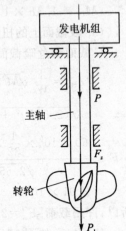

图 15-15 题 15-12 图

15-13 图 15-16 为某精密磨床砂轮轴的示意图。已知电动机功率 $P_k = 3$ kW,转子转速 $n = 1\,400$ r/min,转子重量 $P_1 = 101$ N。砂轮直径 $D = 250$ mm,砂轮重量 $P_2 = 275$ N。磨削力 $F_y : F_z = 3 : 1$,砂轮轴直径 $d = 50$ mm,材料为轴承钢,$[\sigma] = 60$ MPa。

(1) 试用单元体表示出危险点的应力状态,并求出主应力和最大切应力。

(2) 试用第三强度理论校核轴的强度。

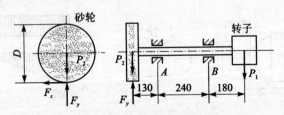

图 15-16 题 15-13 图

解: 将各力向轴平移得如图 15-17 所示计算简图。

$M_e = 9\,550 \dfrac{P_k}{n} = 9\,500 \times \dfrac{3 \text{ kW}}{1\,400 \text{ r/min}} = 20.5$ N·m, $T = M_e = 20.5$ N·m

$F_z \dfrac{D}{2} = M_e$, $F_z = \dfrac{2M_e}{D} = \dfrac{2 \times 20.5 \text{ N·m}}{0.25 \text{ m}} = 164$ N

$F_y = 3F_z = 3 \times 164$ N $= 492$ N, $M_{AZ} = (492 - 275)$ N $\times 0.13$ m $= 28.21$ N·m

$M_{BZ} = 101$ N $\times 0.18$ m $= 18.18$ N·m, $M_{Ay} = 164$ N $\times 0.13$ m $= 21.32$ N·m

A 截面为危险截面,其内力为

$M = \sqrt{M_{Az}^2 + M_{Ay}^2} = \sqrt{28.21^2 + 21.32^2}$ N·m $= 35.36$ N·m, $T = 20.5$ N·m

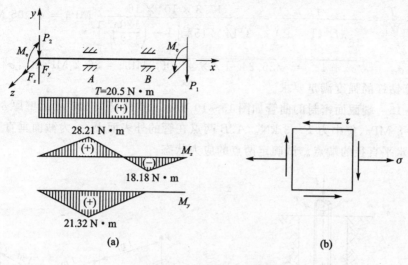

图 15-17 题 15-13 计算图

$$\sigma = \frac{M}{W} = \frac{35.36 \times 10^3 \text{ N} \cdot \text{mm}}{\frac{1}{32} \times 3.14 \times 50^4 \text{ mm}^3} = 2.883 \text{ MPa}$$

$$\tau = \frac{T}{W_t} = \frac{20.5 \times 10^3 \text{ N} \cdot \text{mm}}{\frac{1}{16} \times 3.14 \times 50^3 \text{ mm}^3} = 0.836 \text{ MPa}$$

(1) 求主应力

$$\sigma_x = 2.883 \text{ MPa}, \quad \sigma_y = 0 \text{ MPa}, \quad \tau_x = 0.836 \text{ MPa}$$

$$\left.\begin{array}{l}\sigma_{\max}\\\sigma_{\min}\end{array}\right\} = \frac{\sigma_x + \sigma_y}{2} \pm \sqrt{\left(\frac{\sigma_x - \sigma_y}{2}\right)^2 + \tau_x^2} =$$

$$\frac{2.883 \text{ MPa}}{2} \pm \sqrt{\left(\frac{2.883}{2}\right)^2 + 0.836^2} \text{ MPa} = \begin{cases} +3.11 \text{ MPa} \\ -0.22 \text{ MPa} \end{cases}$$

$$\sigma_1 = 3.11 \text{ MPa}, \quad \sigma_2 = 0 \text{ MPa}, \quad \sigma_3 = -0.22 \text{ MPa}$$

$$\tau_{\max} = \frac{\sigma_1 - \sigma_3}{2} = \frac{3.11 - (-0.22)}{2} \text{ MPa} = 1.67 \text{ MPa}$$

(2) $\sigma_{r3} = \sqrt{\sigma^2 + 4\tau^2} = \sqrt{2.883^2 + 4 \times 0.836^2}$ MPa = 3.33 MPa < $[\sigma]$

根据计算,轴的强度满足要求。

15-14 已知一牙轮钻机的钻杆为无缝钢管(见图 15-18),外径 $D=152$ mm,内径 $d=120$ mm,许用应力$[\sigma]=100$ MPa。钻杆的最大推进压力 $F=180$ kN,扭矩 $T=17.3$ kN·m。试按第三强度理论校核钻杆的强度。

解:

$$\sigma = \frac{F_N}{A} = \frac{F}{\frac{1}{4}\pi(D^2 - d^2)} = \frac{180 \times 10^3 \times 4}{3.14(152^2 - 102^2)} \text{ MPa} = 26.34 \text{ MPa}$$

$$\tau = \frac{T}{W_t} = \frac{T}{\frac{1}{16}\pi D^3(1-\alpha^4)} = \frac{17.3 \times 10^6 \times 16}{3.14 \times 152^3 \left[1-\left(\frac{120}{152}\right)^4\right]} \text{ MPa} = 41.05 \text{ MPa}$$

$$\sigma_{r3} = \sqrt{\sigma^2 + 4\tau^2} = \sqrt{26.34^2 + 4 \times 41.05^2} \text{ MPa} = 86.2 \text{ MPa} \leqslant [\sigma]$$

根据计算钻杆的强度满足要求。

15-15 端截面密封的曲管如图 15-19 所示。其外径为 100 mm，壁厚 $\delta = 5$ mm，内压 $p = 8$ MPa，集中力 $F = 3$ kN。A、B 两点在管的外表面上，一为截面垂直直径的端点，一为水平直径的端点。试确定两点的应力状态。

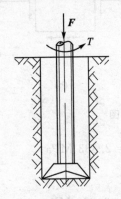

图 15-18 题 15-14 图

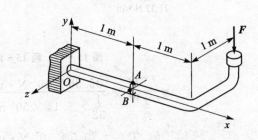

图 15-19 题 15-15 图

解：仅有内压 p 时

$$\sigma' = \frac{pD}{2\delta} = \frac{8 \text{ MPa}(100 \text{ mm} - 2 \times 5 \text{ mm})}{2 \times 5 \text{ mm}} = 72 \text{ MPa}$$

$$\sigma'' = \frac{pD}{4\delta} = \frac{8 \text{ MPa} \times (100 \text{ mm} - 2 \times 5 \text{ mm})}{4 \times 5 \text{ mm}} = 36 \text{ MPa}$$

图 15-19 所示情况下截面上的内力为

$$T = 3 \text{ kN} \times 1 \text{ m} = 3 \text{ kN} \cdot \text{m}$$
$$M_z = 3 \text{ kN} \times 1 \text{ m} = 3 \text{ kN} \cdot \text{m}$$
$$F_Q = 3 \text{ kN}$$

由扭矩引起的最大切应力

$$\tau = \frac{T}{W_t} = \frac{3 \times 10^6 \text{ N} \cdot \text{mm}}{\frac{1}{16} \times 3.14 \times 100^3 (1 - 0.9^4) \text{ mm}^3} =$$

44.5 MPa

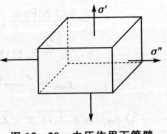

图 15-20 内压作用下管壁上点的应力状态

由弯曲引起的最大正应力

$$\sigma = \frac{M_z}{W} = \frac{3 \times 10^6 \text{ N} \cdot \text{mm}}{\frac{1}{32} \times 3.14 \times 100^3 \times (1 - 0.9^4) \text{ mm}^3} = 88.9 \text{ MPa}$$

由剪力引起的最大切应力

$$\tau = 2\frac{F_Q}{A} = 2 \times \frac{3 \times 10^3 \text{ N}}{\frac{1}{4} \times 3.14(100^2 - 90^2) \text{ mm}^2} = 4.02 \text{ MPa}$$

图 15-21 所示为 A, B 两点的应力状态图。

A 点应力状态参数：
$$\sigma_x = \sigma'' + \sigma = 36 \text{ MPa} + 88.9 \text{ MPa} = 124.9 \text{ MPa},$$
$$\sigma_z = \sigma' = 72 \text{ MPa}, \quad \tau_x = 44.45 \text{ MPa}$$

B 点应力状态参数：
$$\sigma_x = \sigma'' = 36 \text{ MPa}, \quad \sigma_y = \sigma' = 72 \text{ MPa}, \quad \tau_x = (44.45 - 4.02) \text{ MPa} = 40.43 \text{ MPa}$$

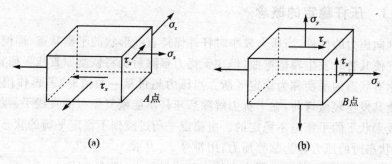

图 15-21 A, B 两点的应力状态

第16章 压杆稳定

16.1 重点内容提要

16.1.1 压杆稳定的概念

承受轴向压力的杆件,当压力较小时杆件保持直线形状的平衡状态,即使作用微小的侧向干扰使其暂时发生轻微弯曲,但在干扰力解除后仍将恢复原直线平衡状态,这种能够恢复原有状态的平衡称为稳定平衡。当压力超过某一数值时,若再作用微小的侧向干扰力使其发生轻微弯曲,在干扰力解除后压杆不能恢复原有的直线平衡状态,压杆原有的直线形状下的平衡是不稳定的。由稳定平衡过渡到不稳定平衡的状态称为临界状态,临界状态时的压力称为临界压力,用符号 F_{cr} 表示。

为保证压杆不失稳,其工作压力必须小于临界压力,即 $F < F_{cr}$。

16.1.2 临界压力的计算

1. 细长杆($\lambda \geqslant \lambda_p$)

$$F_{cr} = \frac{\pi^2 EI}{(\mu l)^2} \quad \text{或} \quad F_{cr} = \frac{\pi^2 E}{\lambda^2} A$$

2. 中长杆($\lambda_p \geqslant \lambda \geqslant \lambda_s$)

$$F_{cr} = (a - b\lambda)A$$

16.1.3 压杆稳定的条件

1. $F \leqslant \dfrac{F_{cr}}{[n_{st}]}$

$[n_{st}]$ 为规定的稳定安全系数。

2. 安全系数形式的稳定条件

$$n_{st} = \frac{F_{cr}}{F} \geqslant [n_{st}]$$

n_{st} 为压杆实际工作的稳定安全系数。

16.2 综合训练解析

16-1 如图 16-1 所示的细长压杆均为圆杆,其直径 d 均相同,材料是 Q235 钢,

$E = 210$ GPa。其中:图(a)为两端铰支;图(b)为一端固定,一端铰支;图(c)为两端固定。试判别哪一种情形的临界压力最大,哪种其次,哪种最小?若圆杆直径 $d = 16$ cm,试求最大的临界压力 F_{cr}。

解:(a): $\lambda = \dfrac{\mu l}{i} = \dfrac{1 \times 5}{d/4} = \dfrac{20}{d}$, (b): $\lambda = \dfrac{\mu l}{i} = \dfrac{0.7 \times 7}{d/4} = \dfrac{19.6}{d}$

(c): $\lambda = \dfrac{\mu l}{i} = \dfrac{0.5 \times 9}{d/4} = \dfrac{18}{d}$

由此可见,图(c)的临界压力最大,其次是图(b),图(a)为最小。

若 $d = 16$ cm,其最大临界压力为

$$F_{cr} = \dfrac{\pi^2 E}{\lambda^2} A = \dfrac{\pi^2 E}{\lambda^2} \cdot \dfrac{1}{4} \pi d^2 =$$

$$\dfrac{3.14^3 \times 210 \times 10^9 \times 0.16^2}{\left(\dfrac{18}{0.16}\right)^2 \times 4} \text{ N} =$$

$3\,287\,631.766$ N $= 3\,287.6$ kN

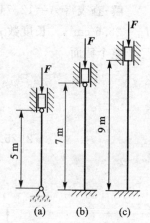

图 16-1 题 16-1 图

16-2 图 16-2 所示压杆的材料为 Q235 钢, $E = 210$ GPa,在正视图(a)的平面内,两端为铰支;在俯视图(b)的平面内,两端为固定。试求压杆的临界压力?

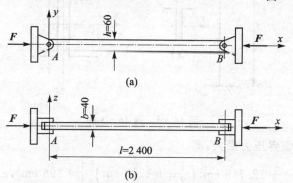

图 16-2 题 16-2 图

解: xy 平面: $\mu = 1$, $i = \sqrt{\dfrac{I_z}{A}} = \sqrt{\dfrac{\frac{1}{12} \times 40 \times 60^3}{40 \times 60}}$ mm $= \dfrac{60}{\sqrt{12}}$ mm

$$\lambda_{xy} = \dfrac{\mu l}{i} = \dfrac{1 \times 2\,400}{60} \times \sqrt{12} = 40\sqrt{12}$$

xz 平面: $\mu = 0.5$, $i = \sqrt{\dfrac{I_y}{A}} = \sqrt{\dfrac{\frac{1}{12} \times 60 \times 40^3}{40 \times 60}}$ mm $= \dfrac{40}{\sqrt{12}}$ mm

$$\lambda_{xz} = \dfrac{\mu l}{i} = \dfrac{0.5 \times 2\,400}{40} \times \sqrt{12} = 30\sqrt{12}$$

$\lambda = \lambda_{xy} = 40\sqrt{12} > \lambda_p = 100$，压杆为细长杆。

$$F_{\sigma} = \frac{\pi^2 E}{\lambda^2} A = \left(\frac{3.14^2 \times 210 \times 10^3}{1\,600 \times 12} \times 40 \times 60\right) \text{ N} = 258.8 \times 10^3 \text{ N} = 258.8 \text{ kN}$$

16-3 如图 16-3 所示，立柱由两根 10 号槽钢组成，立柱上端为球铰，下端固定，柱长 $L=6$ m。试求两槽钢的距离 a 值取多少时立柱的临界压力最大？其值是多少？已知材料的弹性模量 $E=200$ GPa，比例极限 $\sigma_p = 200$ MPa。

解：查表得 $A = 12.748$ cm², $I_y = 198$ cm⁴, $i_y = 3.95$ cm, $y_0 = 1.52$ cm, $I_{z1} = 25.6$ cm⁴, 长度数 $\mu = 0.7$。

整个截面

$$I_y = 2 \times 198 \text{ cm}^4 = 396 \text{ cm}^4$$

$$I_z = 2\left[I_{z1} + A\left(\frac{1}{2}a + y_0\right)^2\right] =$$

$$2\left[25.6 \text{ cm}^4 + 12.748 \text{ cm}^2 \left(\frac{1}{2}a + 1.52 \text{ cm}\right)^2\right]$$

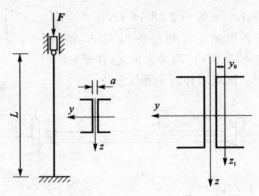

图 16-3 题 16-3 图

当 $I_y = I_z$ 时，临界压力最大，即

$$2\left[25.6 \text{ cm}^4 + 12.748 \text{ cm}^2 \left(\frac{1}{2}a + 1.52 \text{ cm}\right)^2\right] = 396 \text{ cm}^4, a = 4.31 \text{ cm}$$

$$\lambda = \frac{ul}{i} = \frac{0.7 \times 6 \text{ m}}{3.95 \times 10^{-2} \text{ m}} = 106.329 > \lambda_p = 100，细长杆$$

$$F_{cr} = \frac{\pi^2 E}{\lambda^2} A = \frac{3.14^2 \times 200 \times 10^3 \text{ MPa}}{106.329^2} \times 2 \times 12.748 \times 10^2 \text{ mm}^2 =$$

$$445 \times 10^3 \text{ N} = 445 \text{ kN}$$

16-4 图 16-4 所示托架中杆 AB 的直径 $d = 4$ cm，长度 $l = 0.8$ m，两端可视为铰支，材料是 Q235 钢，$E = 200$ GPa。

(1) 试按杆 AB 的稳定条件求托架的临界载荷 P_{cr}；

(2) 若已知实际载荷 $P = 70$ kN，稳定安全系数 $[n_{st}] = 2$，问此托架是否安全？

解：(1) 分析压杆 AB：$\mu = 1$, $i = \frac{d}{4} = 1$ cm, $a = 304$ MPa, $b = 1.12$ MPa,

$\lambda_s = 60$, $\lambda_p = 100$, $\lambda = \dfrac{\mu l}{i} = \dfrac{1 \times 0.8 \times 10^3}{1 \times 10} = 80$

($\lambda_p > \lambda > \lambda_S$),压杆 AB 属于中长杆

$F_{cr} = (a - b\lambda)A = (304 \text{ MPa} - 1.12 \text{ MPa} \times 80) \times$

$\dfrac{1}{4} \times 3.14 \times 40^2 \text{ mm}^2 = 269\,286.4 \text{ N} \approx 269.3 \text{ kN}$

分析 CD 杆,其受力如图 16-5 所示。当压杆 AB 承受的压力达到临界压力 F_{cr} 时,此时托架承受的载荷为极限值 P_{cr}。

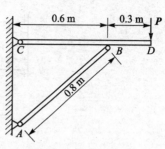

图 16-4 题 16-4 图

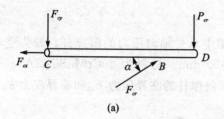

(a)

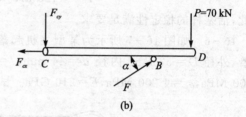

(b)

图 16-5 CD 杆的受力图

$\sum M_C = 0$, $F_{cr} \times 0.6 \sin\alpha - 0.9 P_{cr} = 0$

$P_{cr} = \dfrac{2}{3} F_{cr} \sin\alpha = \dfrac{2}{3} \times 269.3 \text{ kN} \times \dfrac{\sqrt{0.8^2 - 0.6^2}}{0.8} = 119 \text{ kN}$

所以,托架的极限载荷 $P_{cr} = 119$ kN。

(2) 当 $P = 70$ kN 时

$\sum M_C = 0$, $F \times 0.6 \sin\alpha - 0.9 \times 70 = 0$

$F = \dfrac{0.9 \times 70 \text{ kN}}{0.6 \sin\alpha} = \dfrac{63 \text{ kN}}{0.6} \times \dfrac{0.8}{\sqrt{0.8^2 - 0.6^2}} = 158.7 \text{ kN}$

$n_{st} = \dfrac{F_{cr}}{F} = \dfrac{269.3 \text{ kN}}{158.7 \text{ kN}} = 1.7 < [n_{st}] = 2$

因此,根据计算托架不安全。

16-5 蒸汽机的活塞杆 AB(见图 16-6),所受的压力 $F = 120$ kN,$l = 180$ cm,横截面为圆形,直径 $d = 7.5$ cm。材料 Q255 钢,$E = 210$ GPa,$\sigma_p = 240$ MPa,规定稳定安全系数 $[n_{st}] = 8$。试校核活塞杆的稳定性。

解: $\lambda_p = \sqrt{\dfrac{\pi^2 E}{\sigma_P}} = \sqrt{\dfrac{3.14^2 \times 210 \times 10^3 \text{ MPa}}{240 \text{ MPa}}} = 93$

$\lambda = \dfrac{\mu l}{i} = \dfrac{1 \times 1\,800 \text{ mm}}{75 \text{ mm} \times \dfrac{1}{4}} = 96 > \lambda_p$

压杆属于细长杆

$F_{cr} = \dfrac{\pi^2 E}{\lambda^2} A = \dfrac{3.14^2 \times 210 \times 10^3 \text{ MPa}}{96^2} \times \dfrac{1}{4} \times 3.14 \times 75^2 \text{ mm}^2 = 992 \times 10^3 \text{ N} = 992 \text{ kN}$

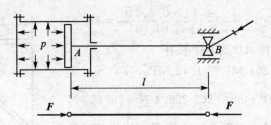

图 16-6 题 16-5 图

$$n_{st} = \frac{F_{cr}}{F} = \frac{992 \text{ kN}}{120 \text{ kN}} = 8.27 > [n_{st}] = 8$$

因此,活塞杆的稳定性满足要求。

16-6 如图 16-7 所示为某型飞机起落架中承受轴向压力的斜撑杆。杆为空心圆管,外径 $D=52$ mm,内径 $d=44$ mm,$l=950$ mm。材料为 30CrMnSiNi2A,$\sigma_b=1\,600$ MPa,$\sigma_p=1\,200$ MPa,$E=210$ GPa。试求斜撑杆的临界压力 F_{cr} 和临界应力 σ_{cr}。

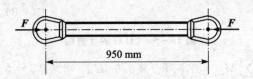

图 16-7 题 16-6 图

解: $I = \frac{\pi}{64}(D^4 - d^4)$, $A = \frac{\pi}{4}(D^2 - d^2)$

$$i = \sqrt{\frac{I}{A}} = \frac{1}{4}\sqrt{D^2 + d^2}, \quad \lambda_p = \sqrt{\frac{\pi^2 E}{\sigma_p}} = \sqrt{\frac{3.14^2 \times 210 \times 10^3 \text{ MPa}}{1\,200 \text{ MPa}}} = 41.54$$

$$\lambda = \frac{\mu l}{i} = \frac{4\mu l}{\sqrt{D^2 + d^2}} = \frac{4 \times 1 \times 950 \text{ mm}}{\sqrt{52^2 + 44^2} \text{ mm}} = 55.8 > \lambda_p, \text{压杆为细长杆}$$

$$F_{cr} = \frac{\pi^2 E}{\lambda^2} A = \frac{3.14^2 \times 210 \times 10^3 \text{ MPa}}{55.8^2} \times \frac{1}{4} \times 3.14 \times (52^2 - 44^2) \text{ mm}^2 =$$

400 904.63 N ≈ 401 kN

$$\sigma_{cr} = \frac{F_{cr}}{A} = \frac{410 \times 10^3 \text{ N}}{\frac{3.14}{4} \times (52^2 - 44^2) \text{ mm}^2} = 665 \text{ MPa}$$

16-7 图 16-8 所示为 25a 工字钢柱,柱长 $l=7$ m,两端固定,规定稳定安全系数 $[n_{st}]=2$,材料为 Q235 钢,$E=210$ GPa。试求钢柱的许可载荷。

解: $\mu = 0.5$, $i_y = 2.4$ cm, $A = 48.541 \text{ cm}^2$, $\lambda_p = 100$

$$\lambda = \frac{\mu l}{i} = \frac{0.5 \times 7\,000}{24} = 145.8 > \lambda_p, \text{压杆为细长杆}$$

$$F_{cr} = \frac{\pi^2 E}{\lambda^2} A = \frac{3.14^2 \times 210 \times 10^3 \text{ MPa}}{145.8^2} \times 48.541 \times 10^2 \text{ mm}^2 = 473.4 \times 10^3 \text{ N} = 473.4 \text{ kN}$$

$$[F] = \frac{F_{cr}}{[n_{st}]} = \frac{473.4 \text{ kN}}{2} = 237 \text{ kN}$$

16-8 五根钢杆(见图16-9)用铰链连接成正方形结构。杆的材料为Q235钢，$E=206$ GPa，许用应力$[\sigma]=140$ MPa，各杆直径$d=40$ mm，杆长$l=1$ m，规定安全系数$[n_{st}]=2$。试求最大许可载荷F。

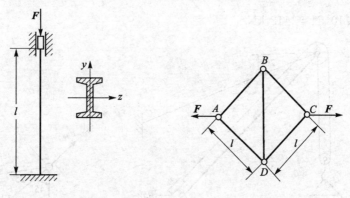

图16-8 题16-7图　　图16-9 题16-8图

解：杆AB、BC、CD、DA受的轴向拉力为

$$F_{N1} = \frac{F}{2\cos 45°} = \frac{\sqrt{2}}{2}F$$

BD杆受的轴向压力为$F_{N2}=F$

由拉杆的强度条件确定F

$$\sigma = \frac{F_{N1}}{A} \leqslant [\sigma], \quad \frac{\sqrt{2}}{2}F \leqslant A[\sigma]$$

$$F \leqslant \sqrt{2} \times \frac{1}{4} \times 3.14 \times 40^2 \text{ mm}^2 \times 140 \text{ MPa} = 248.7 \times 10^3 \text{ N} = 248.7 \text{ kN}$$

由压杆的稳定条件确定F

$$i = \frac{d}{4} = \frac{40}{4} \text{ mm} = 10 \text{ mm}, \quad \mu = 1$$

$$\lambda = \frac{\mu l}{i} = \frac{1 \times \sqrt{2} \times 1\,000 \text{ mm}}{10 \text{ mm}} = 141.4 > \lambda_p = 100，压杆为细长杆$$

$$F_{cr} = \frac{\pi^2 E}{\lambda^2}A = \frac{3.14^2 \times 206 \times 10^3 \text{ MPa}}{141.4^2} \times \frac{1}{4} \times 3.14 \times 40^2 \text{ mm}^2 = 128 \times 10^3 \text{ N} = 128 \text{ kN}$$

$$F \leqslant \frac{F_{cr}}{[n_{st}]} = \frac{128 \text{ kN}}{2} = 64 \text{ kN}$$

因此，最大许可载荷$[F]=64$ kN。

16-9 悬臂回转吊车如图16-10所示，斜杆AB由钢管制成，在B点铰支，钢管的外径$D=100$ mm，内径$d=86$ mm，杆长$l=3$ m；材料为Q235钢，$E=200$ GPa，起重量$P=20$ kN，规定稳定安全系数$[n_{st}]=2.5$。试校核斜杆的稳定性。

解：$\mu=1$，$\lambda_p=100$，$\lambda_S=62$，$a=304$ MPa，$b=1.12$ MPa

$$i = \frac{\sqrt{D^2+d^2}}{4} = \frac{\sqrt{100^2+86^2}}{4} \text{ mm} = 33 \text{ mm}$$

$$\lambda = \frac{\mu l}{i} = \frac{1 \times 3\,000 \text{ mm}}{33 \text{ mm}} = 91 \quad \lambda_p > \lambda > \lambda_S, \text{压杆属于中长杆}$$

$$F_{cr} = (a - b\lambda)A = (304 \text{ MPa} - 91 \times 1.12 \text{ MPa}) \times \frac{1}{4} \times 3.14 \times (100^2 - 86^2) \text{ mm}^2 =$$

$$413 \times 10^3 \text{ N} = 413 \text{ kN}$$

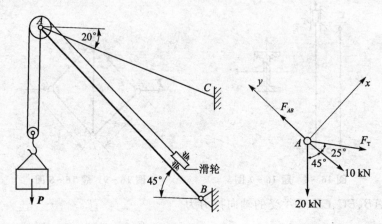

图 16-10　题 16-9 图

分析滑轮 A

$$\sum F_x = 0, \quad F_T \sin 25° - 20\sin 45° = 0, \quad F_T = \frac{20\sin 45°}{\sin 25°}$$

$$\sum F_y = 0, \quad F_{AB} - 20\cos 45° - 10 - F_T \cos 25° = 0$$

$$F_{AB} = 20\cos 45° + 10 + \frac{20\sin 45°}{\sin 25°}\cos 25° = 54.5 \text{ kN}$$

$$n_{st} = \frac{F_{cr}}{F_{AB}} = \frac{413 \text{ kN}}{54.5 \text{ kN}} \approx 7.6 > [n_{st}], \text{因此, 斜杆稳定。}$$

16-10　矿井采空区在充填前为防止顶板陷落,常用木柱支撑(见图 16-11),若木柱为红松,弹性模量 $E = 10$ GPa,直径 $d = 14$ cm,规定稳定安全系数$[n_{st}] = 4$。求木柱所允许承受的顶板最大压力。

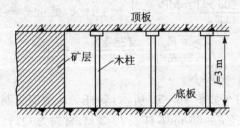

图 16-11　题 16-10 图

解: $\mu = 1$, $\lambda_p = 59$, $i = \dfrac{d}{4} = \dfrac{140 \text{ mm}}{4} = 35$ mm

第16章 压杆稳定

$$\lambda = \frac{\mu l}{i} = \frac{1 \times 3\,000 \text{ mm}}{35 \text{ mm}} = 85.7$$

$\lambda > \lambda_p$ 木柱为细长杆

$$F_{cr} = \frac{\pi^2 E}{\lambda^2} A = \frac{3.14^2 \times 10 \times 10^3 \text{ MPa}}{85.7^2} \times \frac{1}{4} \times 3.14 \times 140^2 \text{ mm}^2 = 207 \times 10^3 \text{ N} = 207 \text{ kN}$$

$$F \leqslant \frac{F_{cr}}{[n_{st}]} = \frac{207 \text{ kN}}{4} = 51.75 \text{ kN}$$

故 $[F] = 51.7$ kN

第 17 章 构件的疲劳强度概述

17.1 重点内容提要

17.1.1 交变应力与疲劳失效

随时间作周期性变化的应力称为交变应力,构件在交变应力作用下的破坏称为疲劳破坏或疲劳失效。

17.1.2 疲劳失效的特点

(1) 抵抗断裂的极限应力低;
(2) 破坏有一过程;
(3) 材料的破坏呈脆性断裂;
(4) 断口处一般呈两个区域:光滑区和粗糙区。

17.1.3 交变应力的循环特征

一次应力循环中,最小应力与最大应力的比值称为交变应力的循环特征或应力比,其表达式为

$$\gamma = \frac{\sigma_{\min}}{\sigma_{\max}} \quad \text{或} \quad \gamma = \frac{\tau_{\min}}{\tau_{\max}}$$

对称循环时:$\gamma=1$;脉动循环时:$\gamma=0$ 或 $\gamma=-\infty$。

17.1.4 材料的持久极限

材料经过无数次应力循环而不破坏的应力最大值,称为材料的持久极限。

17.1.5 影响构件持久极限的主要因素

(1) 应力集中的影响用有效应力集中因数来表示,$K_\sigma>1$ 或 $K_\tau>1$。
(2) 构件尺寸的影响用尺寸因数来表示,$\varepsilon_\sigma<1$ 或 $\varepsilon_\tau<1$。
(3) 构件表面质量的影响用表面质量因数来表示,$\beta<1$。
综合上面三种因素,对称循环下构件的持久极限为

$$\sigma_{-1}^0 = \frac{\varepsilon_\sigma \beta}{k_\sigma}\sigma_{-1} \quad \text{或} \quad \tau_{-1}^0 = \frac{\varepsilon_\tau \beta}{k_\tau}\tau_{-1}$$

17.1.6 对称循环下构件的强度条件

对称循环下构件的强度条件是:

$$n_\sigma = \frac{\sigma_{-1}}{\frac{k_\sigma}{\varepsilon_\sigma \beta}\sigma_{\max}} \geqslant n \ \text{或} \ n_\tau = \frac{\tau_{-1}}{\frac{k_\tau}{\varepsilon_\tau \beta}\tau_{\max}} \geqslant n, \ \text{即构件的工作安全系数应不小于规定的安全系数}。$$

17.2 综合训练解析

17-1 火车轮轴受力情况如图 17-1(a) 所示。已知 $a = 500$ mm, $l = 1\ 435$ mm, 轮轴中段直径 $d = 15$ cm。若 $F = 50$ kN, 试求轮轴中段截面边缘上任一点的最大应力 $\sigma_{\max}$, 最小应力 $\sigma_{\min}$, 循环特征 r, 并作出 $\sigma-t$ 曲线。

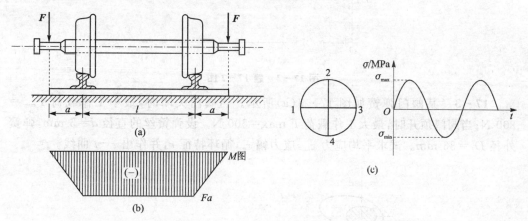

图 17-1 题 17-1 图

解: 轮轴中段受纯弯曲, 其弯矩 $M = Fa$

$$\sigma_{\max} = \frac{M}{W} = \frac{Fa}{\frac{1}{32}\pi d^3} = \frac{32 \times 50 \times 10^3\ \text{N} \times 500\ \text{mm}}{3.14 \times 150^3\ \text{mm}^3} = 75.5\ \text{MPa}$$

$$\sigma_{\min} = -75.5\ \text{MPa}, \quad r = \frac{\sigma_{\min}}{\sigma_{\max}} = -1$$

17-2 柴油发动机连杆大头螺钉在工作时受到的最大拉力 $F_{\max} = 58.3$ kN, 最小拉力 $F_{\min} = 55.8$ kN。螺纹处内径 $d = 11.5$ mm。试求平均应力 σ_m, 应力幅 σ_a, 循环特征 r, 并作出 $\sigma-t$ 曲线。

解: $\sigma_{\max} = \dfrac{F_{\max}}{A} = \dfrac{58.3 \times 10^3\ \text{N}}{\frac{1}{4} \times 3.14 \times 11.5^2\ \text{mm}^2} = 561\ \text{MPa}$

$$\sigma_{\max} = \frac{F_{\min}}{A} = \frac{55.8 \times 10^3 \text{ N}}{\frac{1}{4} \times 3.14 \times 11.5^2 \text{ mm}} = 537 \text{ MPa}$$

$$\sigma_m = \frac{\sigma_{\max} + \sigma_{\min}}{2} = \frac{561 + 537}{2} \text{ MPa} = 549 \text{ MPa}$$

$$\sigma_a = \frac{\sigma_{\max} - \sigma_{\min}}{2} = \frac{561 - 537}{2} \text{ MPa} = 12 \text{ MPa}$$

$$r = \frac{\sigma_{\min}}{\sigma_{\max}} = \frac{537 \text{ MPa}}{561 \text{ MPa}} = 0.957$$

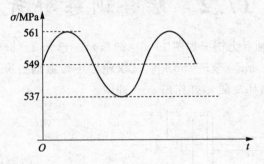

图 17-2 题 17-2 图

17-3 某阀门弹簧如图 17-3(a)所示。当阀门关闭时,最小工作载荷 $F_{\min}=200$ N;当阀门顶开时,最大工作载荷 $F\max=500$ N。设弹簧丝的直径 $d=5$ mm,弹簧外径 $D_1=36$ mm。试求平均应力 τ_m,应力幅 τ_a,循环特征 r,并作出 $\tau-t$ 曲线。

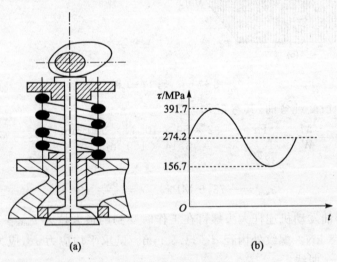

图 17-3 题 17-3 图

解:弹簧的平均直径为

$$D = D_1 - d = (36-5) \text{ mm} = 31 \text{ mm}, \quad c = \frac{D}{d} = \frac{31 \text{ mm}}{5 \text{ mm}} = 6.2$$

$$K = \frac{4c-1}{4c-4} + \frac{0.615}{c} = \frac{4 \times 6.2 - 1}{4 \times 6.2 - 4} + \frac{0.615}{6.2} = 1.24, \quad \tau = K\frac{8FD}{\pi d^3}$$

$$\tau_{max} = K\frac{8D}{\pi d^3}F_{max} = 1.24 \times \frac{8 \times 31 \text{ mm}}{3.14 \times 5^3 \text{ mm}^3} \times 500 \text{ N} = 391.7 \text{ MPa}$$

$$\tau_{min} = K\frac{8D}{\pi d^3}F_{min} = 1.24 \times \frac{8 \times 31 \text{ mm}}{3.14 \times 5^3 \text{ mm}^3} \times 200 \text{ N} = 156.7 \text{ MPa}$$

$$r = \frac{\tau_{min}}{\tau_{max}} = \frac{156.7 \text{ MPa}}{391.7 \text{ MPa}} = 0.4$$

$$\tau_m = \frac{\tau_{max} + \tau_{min}}{2} = \frac{391.7 + 156.7}{2} \text{ MPa} = 274.2 \text{ MPa}$$

$$\tau_a = \frac{\tau_{max} - \tau_{min}}{2} = \frac{391.7 - 156.7}{2} \text{ MPa} = 117.5 \text{ MPa}$$

17-4 阶梯轴如图 17-4 所示。材料为铬镍合金钢,$\sigma_b = 920$ MPa,$\sigma_{-1} = 420$ MPa,$\tau_{-1} = 250$ MPa。轴的尺寸是:$d = 40$ mm,$D = 50$ mm,$R = 5$ mm。求弯曲和扭转时的有效应力集中因数和尺寸因数。

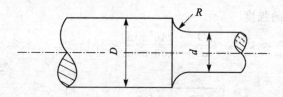

图 17-4　题 17-4 图

解: $\dfrac{R}{d} = \dfrac{5 \text{ mm}}{40 \text{ mm}} = \dfrac{1}{8} = 0.125, \quad \dfrac{D}{d} = \dfrac{50 \text{ mm}}{40 \text{ mm}} = 1.25$

弯曲时的有效应力集中系数 $K_\sigma = 1.55$,扭转时的有效应力集中系数 $K_\tau = 1.26$;弯曲时的尺寸系数 $\varepsilon_\sigma = 0.77$,扭转时的尺寸系数 $\varepsilon_\tau = 0.81$。

17-5 货车轮轴(见图 17-5)两端载荷 $F = 110$ kN,材料为车轴钢,$\sigma_b = 500$ MPa,$\sigma_{-1} = 240$ MPa,规定安全因数 $n = 1.5$。试校核 1-1 和 2-2 截面的强度。

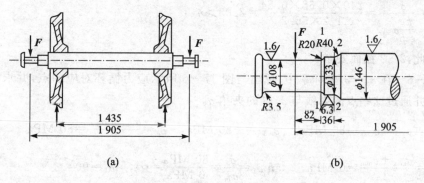

(a)　　　　　　　　　(b)

图 17-5　题 17-5 图

解: 校核 1-1 截面的强度

$\dfrac{R}{d} = \dfrac{20 \text{ mm}}{108 \text{ mm}} = 0.185$, $\dfrac{D}{d} = \dfrac{133 \text{ mm}}{108 \text{ mm}} = 1.23$; $K_\sigma = 1.33$, $\varepsilon_\sigma = 0.70$

内插法确定 β

400	500	800
0.95	β	0.90

$$\dfrac{400-500}{0.95-\beta} = \dfrac{500-800}{\beta-0.90} \quad \beta = 0.94$$

$$\sigma_{\max} = \dfrac{M}{W} = \dfrac{110 \times 10^3 \times 82 \times 10^{-3}}{\dfrac{1}{32} \times 3.14 \times 0.108^3} \text{ Pa} = 72.9 \times 10^6 \text{ Pa} = 72.9 \text{ MPa}$$

$$n_\sigma = \dfrac{\sigma_{-1}}{\dfrac{k_\sigma}{\varepsilon_\sigma \beta} \sigma_{\max}} = \dfrac{240 \times 0.7 \times 0.94}{1.33 \times 72.9} = 1.63 > n = 1.5$$

因此 1-1 截面安全。

校核 2-2 截面的强度

$\dfrac{R}{d} = \dfrac{40 \text{ mm}}{133 \text{ mm}} \approx 0.3$, $\dfrac{D}{d} = \dfrac{146 \text{ mm}}{133 \text{ mm}} \approx 1.1$; $k_\sigma = 1.2$, $\varepsilon_\sigma = 0.68$

内插法确定 β

400	500	800
0.85	β	0.80

$$\dfrac{400-500}{0.85-\beta} = \dfrac{500-800}{\beta-0.80}, \quad \beta = 0.84$$

$$\sigma_{\max} = \dfrac{M}{W} = \dfrac{110 \times 10^3 \times (82+36) \times 10^{-3}}{\dfrac{1}{32} \times 3.14 \times 0.133^3} \text{ Pa} = 56.2 \times 10^6 \text{ Pa} = 56.2 \text{ MPa}$$

$$n_\sigma = \dfrac{\sigma_{-1}}{\dfrac{k_\sigma}{\varepsilon_\sigma \beta} \sigma_{\max}} = \dfrac{240 \times 0.68 \times 0.84}{1.2 \times 56.2} = 2.03 > n$$

因此，2-2 截面安全。

17-6 在 $\sigma_m - \sigma_a$ 坐标系中，标出与图 17-6 所示应力循环对应的点，并求出自原点出发并通过这些点的射线与 σ_m 轴的夹角 α。

解：(a)：$\sigma_{\max} = 80$ MPa, $\sigma_{\min} = -80$ MPa, $\sigma_a = \dfrac{\sigma_{\max} - \sigma_{\min}}{2} = 80$ MPa

$\sigma_m = \dfrac{\sigma_{\max} + \sigma_{\min}}{2} = 0$ MPa, $\tan \alpha_1 = \dfrac{\sigma_a}{\sigma_m} = \dfrac{80 \text{ MPa}}{0 \text{ MPa}} = \infty$, $\alpha_1 = 90°$

(b)：$\sigma_{\max} = 120$ MPa, $\sigma_{\min} = -40$ MPa, $\sigma_a = \dfrac{\sigma_{\max} - \sigma_{\min}}{2} = \dfrac{120+40}{2}$ MPa = 80 MPa

第 17 章　构件的疲劳强度概述

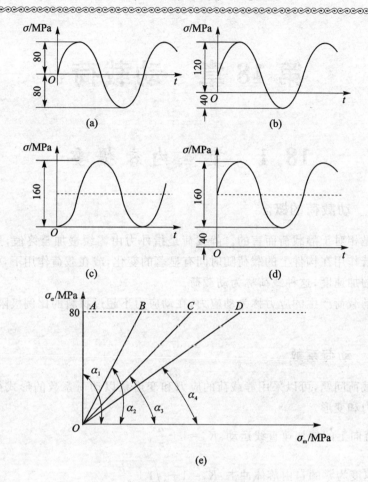

图 17-6　题 17-6 图

$$\sigma_m = \frac{\sigma_{max} + \sigma_{min}}{2} = \frac{120-40}{2}\text{ MPa} = 40\text{ MPa}, \quad \tan\alpha_2 = \frac{\sigma_a}{\sigma_m} = \frac{80\text{ MPa}}{40\text{ MPa}} = 2 \quad \alpha_2 = 63.4°$$

(c)：$\sigma_{max} = 160$ MPa，$\sigma_{min} = 0$，$\sigma_a = \dfrac{\sigma_{max} - \sigma_{min}}{2} = \dfrac{160-0}{2}$ MPa $= 80$ MPa

$$\sigma_m = \frac{\sigma_{max} + \sigma_{min}}{2} = \frac{160+0}{2}\text{ MPa} = 80\text{ MPa}, \quad \tan\alpha = \frac{\sigma_a}{\sigma_m} = \frac{80\text{ MPa}}{80\text{ MPa}} = 1, \quad \alpha_3 = 45°$$

(d)：$\sigma_{max} = 200$ MPa，$\sigma_{min} = 40$ MPa，$\sigma_a = \dfrac{\sigma_{max}-\sigma_{min}}{2} = \dfrac{200-40}{2}$ MPa $= 80$ MPa

$$\sigma_m = \frac{\sigma_{max}+\sigma_{min}}{2} = \frac{200+40}{2}\text{ MPa} = 120\text{ MPa}, \quad \tan\alpha_4 = \frac{\sigma_a}{\sigma_m} = \frac{80\text{ MPa}}{120\text{ MPa}} = 0.6667$$

$\alpha_4 = 33.7°$

第 18 章 动载荷

18.1 重点内容提要

18.1.1 动载荷的概念

动载荷是相对于静载荷而言的。静载荷是指外力由零缓慢加至终值,然后保持不变的载荷。若作用在构件上的载荷随时间有显著的变化,或在载荷作用下,构件上各点产生了显著的加速度,这种载荷称为动载荷。

构件中动载荷产生的应力称为动应力,在动应力不超过材料的比例极限时,胡克定律仍成立。

18.1.2 动荷系数

对于动载荷问题,可以采用静载荷的应力和变形乘以动荷系数的形式得到动载荷作用下的应力和变形。

(1) 垂直向上的匀加速直线运动:$K_d = 1 + \dfrac{a}{g}$。

(2) 初速度为零的自由落体冲击:$K_d = 1 + \sqrt{1 + \dfrac{2h}{\Delta_{st}}}$。

(3) 接触时冲击物速度为 V 的水平冲击:$K_d = \sqrt{\dfrac{v^2}{g\Delta_{st}}}$。

(4) 突然加载:$K_d = 2$。

18.1.3 冲击韧性

工程中衡量材料抗冲击性能的标准是冲断试样所需要的能量有多少,其表达式为

$$\alpha_k = \frac{W}{A}$$

α_k 称为冲击韧性,是衡量材料抗冲击断裂能力的性能指标。

18.2 综合训练解析

18-1 均质等截面杆(见图 18-1)长为 l,重为 P,横截面面积为 A,水平放置在一排光滑的滚子上。杆的两端受轴向力 F_1 和 F_2 作用,且 $F_2 > F_1$。试求杆内正应力沿杆件长度分布的情况(设滚动摩擦可以忽略不计)。

第 18 章 动载荷

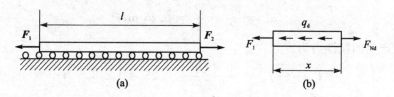

图 18-1 题 18-1 图

解：由于 $F_2 > F_1$，因此杆向右作加速运动，其加速度

$$a = \frac{F_2 - F_1}{P}g$$

单位长度的水平惯性力 $q_d = \frac{P}{gl} \cdot \frac{F_2 - F_1}{P}g = \frac{F_2 - F_1}{l}$，$q_d$ 的方向与 a 的方向相反。从 x 截面将杆截开，取左边分析，如图(b)所示。

$$F_{Nd} = F_1 + q_d x = F_1 + \frac{F_2 - F_1}{l}x$$

该截面上的应力

$$\sigma_d = \frac{F_{Nd}}{A} = \frac{1}{A}\left[F_1 + \frac{x}{l}(F_2 - F_1)\right]$$

18-2 如图 18-2 所示，长为 l，横截面面积为 A 的杆以加速度 a 向上提升。若材料单位体积的质量为 ρ，试求杆内的最大应力。

解：杆件单位长度的惯性力

$$q_d = \rho A a$$

$m-m$ 截面上的内力

$$F_{Nd} = q_d x + \rho g A x = \rho A a x + \rho g A x$$

该截面上的动应力

$$\sigma_d = \frac{F_{Nd}}{A} = \rho a x + \rho g x = \rho x (a + g)$$

$x = l$ 处，

$$\sigma_{d,max} = \rho l(a + g) = \rho l g \left(1 + \frac{a}{g}\right)$$

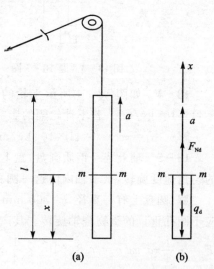

图 18-2 题 18-2 图

18-3 桥式起重机上悬挂一重量 $P = 50$ kN 的重物，以匀速度 $v = 1$ m/s 向前移动（图 18-3 中移动的方向垂直于纸面）。当起重机突然停止时，重物像单摆一样向前摆动。若梁为 No. 14 工字钢，吊索横截面面积 $A = 5 \times 10^{-4}$ m²，问此时吊索内及梁内的最大应力增加多少？设吊索的自重以及由重物摆动引起的斜弯曲影响都忽略不计。

解：应力的增加是由于重物 P 的摆动产生，重物摆动时的向心加速度为

$$a_n = \frac{V^2}{R} = \frac{1^2}{4} = 0.25 \text{ m/s}^2$$

由此产生的惯性力为

$$F_g = \frac{P}{g} a_n = \frac{50 \times 10^3}{9.8} \times 0.25 = 1275.5 \text{ N}$$

由此惯性力引起吊索内最大应力的增量为

$$\Delta\sigma_{max} = \frac{F_g}{A} = \frac{1275.5 \text{ N}}{5 \times 10^{-4} \text{ m}^3} = 2.55 \times 10^6 \text{ Pa} = 2.55 \text{ MPa}$$

No. 14 工字钢 $W = 102 \text{ cm}^3$，故

$$\Delta\sigma_{max} = \frac{M}{W} = \frac{\frac{1}{4}F_g l}{W} = \frac{1275.5 \text{ N} \times 5 \text{ m}}{4 \times 102 \times 10^{-6} \text{ m}^3} = 15.6 \times 10^6 \text{ Pa} = 15.6 \text{ MPa}$$

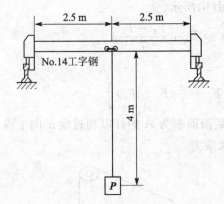
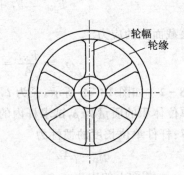

图 18-3　题 18-3 图　　　　图 18-4　题 18-4 图

18-4　如图 18-4 所示飞轮的最大圆周率 $v = 25$ m/s，材料单位体积的质量为 7.41×10^3 kg/m³。若不计轮辐的影响，试求轮缘内的最大正应力。

解：　$\sigma_d = \rho v^2 = 7.41 \times 10^3 \text{ kg/m}^3 \times (25 \text{ m/s})^2 = 4.63 \times 10^6$ Pa $= 4.63$ MPa。

18-5　轴上装一钢质圆盘，盘上有一圆孔（见图 18-5）。若轴与盘以 $\omega = 40$ rad/s 的匀角速度旋转，试求轴内由这一圆孔引起的最大正应力。

解：圆盘上有一直径 $d = 300$ mm 的孔，相当于圆盘旋转时，在圆孔对应位置有一相应于圆孔重量的重物绕轴旋转。其产生的惯性力为 F，钢的密度 $\rho = 7.8$ kg/m³，则

$$F = \rho \frac{1}{4}\pi d^2 t \omega^2 r = 7.8 \times 10^3 \times \frac{1}{4} \times 3.14 \times 0.3^2 \times 0.03 \times 40^2 \times 0.4 = 10580.5 \text{ N}$$

由此惯性力在轴内引起的最大正应力

$$\sigma_{d,max} = \frac{M}{W} = \frac{\frac{1}{4}Fl}{\frac{\pi}{32}d^3} = \frac{\frac{1}{4} \times 10580.5 \text{ N} \times 0.8 \text{ m}}{\frac{1}{32} \times 3.14 \times 0.12^3 \text{ mm}^3} = 12.5 \times 10^6 \text{ Pa} = 12.5 \text{ MPa}$$

18-6　重量为 P 的重物（见图 18-6）自高度 h 下落冲击于梁上的 C 点。设梁的 E、I 及抗弯截面系数 W 皆为已知量。试求梁内最大正应力及梁跨度中点的挠度。

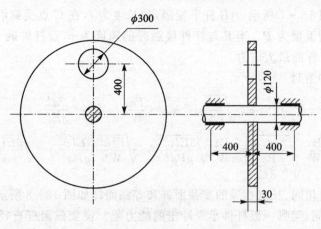

图 18-5　题 18-5 图

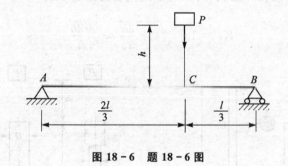

图 18-6　题 18-6 图

解：C 点的静位移

$$\Delta_{\mathrm{st}} = \frac{P \cdot \dfrac{l}{3} \cdot \dfrac{2l}{3}}{6EIl}\left(l^2 - \frac{4}{9}l^2 - \frac{1}{9}l^2\right) = \frac{4Pl^3}{243EI}$$

最大静应力

$$\sigma_{\mathrm{st}} = \frac{M}{W} = \frac{1}{W} \cdot \frac{1}{3}P \cdot \frac{2}{3}l = \frac{2Pl}{9W}$$

动荷系数

$$K_{\mathrm{d}} = 1 + \sqrt{1 + \frac{2h}{\Delta_{\mathrm{st}}}} = 1 + \sqrt{1 + \frac{243EIh}{2Pl^3}}$$

于是，$\sigma_{d,\max} = K_d \sigma_{\mathrm{st}} = \dfrac{2Pl}{9W}\left(1 + \sqrt{1 + \dfrac{243EIh}{2Pl^3}}\right)$

跨度中点的静挠度

$$\omega_{1/2} = \frac{P \cdot \dfrac{l}{3}\left(3l^2 - 4 \times \dfrac{l^2}{9}\right)}{48EI} = \frac{23Pl^3}{1296EI}$$

跨度中点的动挠度

$$\omega = K_{\mathrm{d}}\omega_{1/2} = \frac{23Pl^3}{1296EI}\left(1 + \sqrt{\frac{234EIh}{2Pl^3}}\right)$$

18-7 如图 18-7 所示，AB 杆下端固定，长度为 l，在 C 点受到沿水平运动的物体的冲击，物体的重量为 P。当其与杆件接触时的速度为 v，设杆件的 E、I 及 W 皆为已知量，试求 AB 杆的最大应力。

解： 水平冲击时

$$\sigma_d = \sigma_{st}\sqrt{\frac{v^2}{g\Delta_{st}}}, \quad \sigma_{st} = \frac{Pa}{W}, \quad \Delta_{st} = \frac{Pa^3}{3EI}$$

$$\sigma_d = \frac{Pa}{W}\sqrt{\frac{v^2}{g\dfrac{Pa^3}{3EI}}} = \frac{Pa}{W}\sqrt{\frac{3EIv^2}{gPa^3}} = \sqrt{\frac{P^2a^2}{W^2}\frac{3EIv^2}{gPa^3}} = \sqrt{\frac{3EIv^2P}{gaW^2}}$$

18-8 材料相同、长度相等的变截面杆和等截面杆如图 18-8 所示。若两杆的最大横截面面积相同，问哪一根杆件承受冲击的能力强？设变截面杆直径为 d 的部分为 $\frac{2}{5}l$。为了便于比较，假设 h 较大，可以近似地把动荷因数取为

$$K_d = 1+\sqrt{1+\frac{2h}{\Delta_{st}}} \approx \sqrt{\frac{2h}{\Delta_{st}}}$$

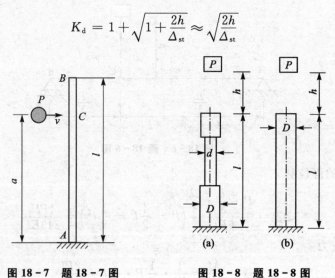

图 18-7 题 18-7 图　图 18-8 题 18-8 图

解： 图(a)中：静变形

$$\Delta_{st} = \frac{P\left(l-\dfrac{2}{5}l\right)}{\dfrac{1}{4}\pi D^2 E} + \frac{P\times\dfrac{2}{5}l}{\dfrac{1}{4}\pi d^2 E} = \frac{4Pl}{5\pi E}\left(\frac{3}{D^2}+\frac{2}{d^2}\right)$$

最大静应力

$$\sigma_{st} = \frac{P}{\dfrac{1}{4}\pi d^2} = \frac{4P}{\pi d^2}$$

动荷系数为

$$K_d = \sqrt{\frac{2h}{\Delta_{st}}} = \sqrt{\frac{5\pi Eh}{2Pl\left(\dfrac{3}{D^2}+\dfrac{2}{d^2}\right)}}$$

动应力

$$\sigma_{d1} = K_d \sigma_{st} = \frac{4P}{\pi d^2} \sqrt{\frac{5\pi Eh}{2Pl\left(\frac{3}{D^2}+\frac{2}{d^2}\right)}} = \sqrt{\frac{16P^2 \cdot 5\pi Eh}{\pi^2 d^4 \cdot 2Pl\left(\frac{3}{D^2}+\frac{2}{d^2}\right)}} =$$

$$\sqrt{\frac{8hPE}{\pi l d^2 \left[\frac{3}{5}\left(\frac{d}{D}\right)^2+\frac{2}{5}\right]}}$$

图(b)中：

$$\Delta_{st} = \frac{Pl}{\frac{1}{4}\pi D^2 E} = \frac{4Pl}{\pi D^2 E}, \quad \sigma_{st} = \frac{P}{\frac{1}{4}\pi D^2} = \frac{4P}{\pi D^2}$$

$$K_d = \sqrt{\frac{2h}{\Delta_{st}}} = \sqrt{\frac{\pi D^2 Eh}{2Pl}}$$

$$\sigma_d = K_d \sigma_{st} = \frac{4P}{\pi D^2}\sqrt{\frac{\pi D^2 Eh}{2Pl}} = \sqrt{\frac{\pi D^2 Eh}{2Pl}\frac{16P^2}{\pi^2 D^4}} = \sqrt{\frac{8hPE}{\pi l D^2}}$$

当 $D > d$ 时，$\frac{3}{5}\left(\frac{d}{D}\right)^2 + \frac{2}{5} < 1$，$\sigma_{d1} > \sigma_{d2}$，所以等直杆承受冲击的能力强。

18-9 直径 $d = 30$ cm、长 $l = 6$ m 的圆木桩（见图18-9），下端固定、上端受重 $P = 2$ kN 的重锤作用。木材的 $E_1 = 10$ GPa。求下列三种情况下，木桩内的最大正应力：

(1) 重锤以静载荷的方式作用于木桩上；

(2) 重锤以离桩顶 0.5 m 的高度自由落下；

(3) 在桩顶放置直径为 15 cm、厚为 40 mm 的橡皮垫，橡皮的弹性模量 $E_2 = 8$ MPa。(重锤也是从离橡皮垫顶面 0.5 m 的高度自由落下)。

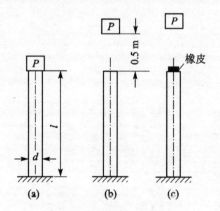

图 18-9 题 18-9 图

解：三种情况下静应力相等，即

$$\sigma_{st} = \frac{P}{A} = \frac{P}{\frac{1}{4}\pi d^2} = \frac{4 \times 2 \times 10^3 \text{ N}}{3.14 \times 300^2 \text{ mm}^2} = 0.028\ 3 \text{ MPa}$$

(1) $\sigma = \sigma_{st} = 0.028\ 3$ MPa

(2) $\Delta_{st} = \dfrac{Pl}{E_1 A} = \dfrac{2 \times 10^3 \text{ N} \times 6\,000 \text{ mm}}{10 \times 10^3 \text{ MPa} \times \dfrac{1}{4} \times 3.14 \times 300^2 \text{ mm}^2} = 0.017 \text{ mm}$

$K_d = 1 + \sqrt{1 + \dfrac{2h}{\Delta_{st}}} = 1 + \sqrt{1 + \dfrac{2 \times 0.5 \times 10^3 \text{ mm}}{0.017 \text{ mm}}} = 244$

$\sigma_d = K_d \sigma_{st} = (244 \times 0.028\,3) \text{ MPa} = 6.9 \text{ MPa}$

(3) $\Delta_{st} = \dfrac{Pl}{E_1 A} + \dfrac{Pl_2}{E_2 A_2} = \dfrac{2 \times 10^3 \text{ N} \times 6\,000 \text{ mm}}{10 \times 10^3 \text{ MPa} \times \dfrac{1}{4} \times 3.14 \times 300^2 \text{ mm}^2} +$

$\dfrac{2 \times 10^3 \text{ N} \times 40 \text{ mm}}{8 \text{ MPa} \times \dfrac{1}{4} \times 3.14 \times 150^2 \text{ mm}^2} = (0.017 + 0.566) \text{ mm} = 0.583 \text{ mm}$

$K_d = 1 + \sqrt{1 + \dfrac{2h}{\Delta_{st}}} = 1 + \sqrt{1 + \dfrac{2 \times 0.5 \times 10^3 \text{ mm}}{0.583 \text{ mm}}} = 42.4$

$\sigma_d = K_d \sigma_{st} = 42.4 \times 0.028\,3 \text{ MPa} = 1.2 \text{ MPa}$

参考文献

[1] 冯锡兰等编著.工程力学[M].北京:北京航空航天大学出片社,2012.
[2] 刘鸿文主编.材料力学[M](第五版).北京:高等教育出版社.
[3] 哈尔滨工业大学编.理论力学[M](第六版).北京:高等教育出版社.
[4] 北京科技大学.工程力学[M].北京:高等教育出版社,1997年修订版.